生命的另一种可能

关于健康、疾病和衰老你必须知道的真相

Counterclockwise

Mindful Health and the Power of Possibility

【美】埃伦·兰格（Ellen J. Langer） 著

丁丹 译

人民邮电出版社

北 京

图书在版编目（CIP）数据

生命的另一种可能 ：关于健康、疾病和衰老，你必须知道的真相 /（美）兰格（Langer, E. J.）著；丁丹译 . -- 北京 ：人民邮电出版社，2016.1（2018.2重印）
ISBN 978-7-115-41505-9

Ⅰ. ①生… Ⅱ. ①兰… ②丁… Ⅲ. ①生命科学—研究 Ⅳ. ①Q1-0

中国版本图书馆CIP数据核字(2015)第314426号

内容提要

如果我们能将心理时钟倒回过去，也能将生理时钟倒回去吗？积极心理学奠基人埃伦·兰格给出了答案：打开心灵迎接所有的可能性，不要预先假定什么是不可能的，将引导我们进入更健康的状态———不管处于哪个年龄。

在《生命的另一种可能：关于健康、疾病和衰老，你必须知道的真相》中，兰格基于诸多独创性的实验研究，对"生理即命运"的传统医学判定进行了质疑，提出了"可能心理学"这一大胆的新范式，彻底颠覆了人们对心身关系的狭隘认知。可能心理学发现，我们怀有的期望和信仰，接受的心理暗示、刻板印象和医学标签，影响着身体机能如何发挥作用、疗愈乃至老去。兰格告诉我们，只要变得专念和觉察，就能调整这些因素，改变那些看似根深蒂固的行为———盲目地听从专家意见、放弃对自己身心的体验和判断、抱着听天由命的态度等待死亡到来———正是这些行为让我们的健康每况愈下，将活力从我们的生命中抽走。

作为心身保健的科普杰作，本书已成为新世纪治疗思想的标杆，不仅可以帮助医学界、心理学界人士开拓思维，也能够激励一般读者成为健康学习者，真正地为自己的生命负责，活出积极、乐观的人生。

◆　　著　【美】埃伦·兰格（Ellen J. Langer）
　　　　译　丁　丹
　　责任编辑　姜　珊
　　执行编辑　郭光森
　　责任印制　焦志炜

◆人民邮电出版社出版发行　　北京市丰台区成寿寺路 11 号
　邮编　100164　电子邮件　315@ptpress.com.cn
　网址　http://www.ptpress.com.cn
　固安县铭成印刷有限公司印刷

◆开本：700×1000　1/16
　印张：12.5　　　　　　　　　　　2016 年 1 月第 1 版
　字数：130 千字　　　　　　　　2018 年 2 月河北第 9 次印刷
　　　　著作权合同登记号　图字：01-2015-3544 号

定　价：45.00 元
读者服务热线：(010)81055656　印装质量热线：(010)81055316
反盗版热线：(010)81055315
广告经营许可证：京东工商广登字 20170147 号

关于本书的赞誉和推荐

生活中充满了一些细微、狡猾的小陷阱，让我们感觉处处力不从心，埃伦·兰格用她那非凡的洞察力对此进行了剖析。她还让我们看到应如何拨开迷雾，让新的希望闪耀光芒。《生命的另一种可能》将彻底改变你了解和思考这个世界的方式。

——丹尼尔·戈尔曼，《情商》与《绿色情商》作者

一位精明、睿智、满脑子创意的社会科学家，一个敢于蔑视并向任何传统观念发起挑战的女性——这就是埃伦·兰格。她是一位了不起的讲故事的高手，《生命的另一种可能》向我们讲述了一个精妙绝伦的故事：我们的身心是如何以一种令人意想不到的方式联系在一起的。更重要的是，这本书让我们看到，如果能更好地理解这种联系，我们的生活将会变得更美好。

——丹·艾瑞里，《怪诞行为学》作者

兰格博士的著作就身心之间的联系提出了引人注目的独到见解。她使我们看到，当我们步入老年时如何通过改变思维来改变自己的身体，让自

己达到最好的健康状态并表现出最佳的活动能力。

——吉尔·泰勒,《左脑中风 右脑开悟》作者

　　觉察—专念,这是疗愈的首要步骤。在《生命的另一种可能》一书中,埃伦·兰格博士雄辩而生动地描述了对自身信仰与期望的觉察是如何有力地推动着我们的生活朝着更好的方向转变的。这是一部具有开创性意义的著作,文笔流畅、文字优美。

——迪安·欧尼斯,美国预防医学研究所创始人及主席

加州大学旧金山分校临床医学教授、《光谱》作者

　　埃伦利用自己大量的研究与渊博的学识,撰写了一部对身患疾病或迈向衰老的人(换句话说,也是所有人)来说不可或缺的著作。她向我们展示了,通过有意识地运用大脑,我们的身体所遭受的许多貌似不可逆的损伤都可以逆转或缓解。《生命的另一种可能》可以作为治疗绝望的绝佳指导手册。然而,它的作用不止于此。为了探索人性中尚未被触及的丰富领域,作者提出了"可能心理学",就此而论,本书也起到了抛砖引玉的作用。

——米哈里·契克森米哈赖,《当下的幸福》作者

　　我们所怀有的期望与信仰影响着自己的身体机能如何发挥作用、如何疗愈甚至如何日益老去——对此,《生命的另一种可能》提供了诸多极具说服力的案例。埃伦·兰格列举了大量精彩有趣的数据来支持这一观点,并提出了一项强有力的主张:我们应该通过不断地练习"专念"学会如何更好地掌控自己的健康状态。她的研究充满创新精神,予人无穷力量。

——安德鲁·威尔,医学博士

《生命的另一种可能》介绍了一种全新的思考方式——如何看待我们的终身健康和老化。读一读这部具有重大意义的书吧，不管你处在哪个年龄，它都可以提高你的生活质量。

——迪帕克·乔普拉，医学博士

多年来，埃伦·兰格的作品一直激励着我。她的新书《生命的另一种可能》将彻底改变你对自身健康进行思考的方式——当然，是朝着更好的方向。一个字：棒！

——克里斯蒂娜·诺斯拉普，《更年期的隐秘乐趣》作者

《生命的另一种可能》是一部佳作——一部兼具实用性与哲学性的书，一部能让你感觉更良好的书：它可以让你对变老这件事情有更清醒的认识、更充分的准备，即便一开始你就没觉得变老是件坏事。对于疾病和健康，没有人比埃伦·兰格的思考更有创意和见地，她用异常亲切的态度、极其得体的语言向我们分享了自己的所知所得。

——苏·哈尔彭，《忘记了就无法再想起》作者

《生命的另一种可能》为我们打开了更广阔的视野，带来了无限的可能性。只要你能够用一种不同的眼光看待疾病和健康，只要你愿意做出哪怕小小的改变，健康就可能增进，心态就可能积极起来，生活就可能变得美好。让我们敞开胸怀，迎接不可能，拥抱全新的人生。

——樊富珉，清华大学心理系教授、临床与咨询心理学专业委员会副主任

这不仅是一本能让医学界、心理学界人士开拓思维的佳作，也是一本难得的心身保健科普杰作。作为一名在临床一线工作了 20 多年的专业人员，《生命的另一种可能》所提出的观点让我深受启发。我们医生在诊疗

时固然需要跳出医学规则来看待病人的疾病，而病人也要学会打破惯性思维，不要盲目地把自己交给医生，要相信自己才是疗愈的主人。

——刘松怀，中国康复研究中心北京博爱医院心理科主任

《生命的另一种可能》阐述的核心主题是人类心灵世界的奇妙，以及个体抱持的生活信念和态度会对其健康产生巨大的影响。虽然这是一个众所周知的道理，但少有人通过科学研究去证实，而兰格却凭借她的创意和智慧做到了。她用自己的研究践行了"活出生命的另一种可能"，激发读者去探寻和追求更美好的生活。

——杨蕴萍，首都医科大学临床心理学系教授、北京安定医院主任医师

《生命的另一种可能》从积极心理学的视角提出了"可能心理学"这一全新概念，并重新审视了当今高度社会化和标签化的医疗体制，不但颠覆了人们对健康、疾病和衰老的僵化、狭隘认知，也为人们的健康生活创造了更多可能。

——岳晓东，中国知名心理学家、《登天的感觉》作者

目　录

第一章　谁说时光不能倒流

　　如果狗可以唱歌 / 19

　　迎接不可能，拥抱可能心理学 / 22

第二章　健康，无极限

　　调整心态，掌控健康 / 31

　　漫不经心地答应请求 / 33

　　诊断不是答案，而是起点 / 34

第三章　时刻用心关注变化

　　首先迈出一小步 / 41

　　为什么所有恐龙都长得一样 / 45

　　关注变化，激发专念状态 / 46

　　稳定是一种错觉 / 48

　　专念的本质是留意变化 / 51

第四章　谁在主宰健康

　　减肥，否则你会后悔 / 61

　　我们能相信科研结果吗 / 63

　　不要轻言放弃 / 66

华盛顿是怎么死的 / 70

切勿被医学检验误导 / 71

人老了，记忆一定会衰退吗 / 74

医生能帮我们多少 / 78

什么是健康的，什么是有病的 / 81

第五章　医学规则是如何形成的

医疗环境的消极作用 / 91

护士与病人为什么会敌对 / 98

第六章　语言的固有缺陷

启动效应与安慰剂效应 / 105

心灵健康，身体才能健康 / 114

第七章　医生的话比癌症更可怕

无心或有心的标签 / 134

数字会让人迷失 / 140

学会理解言外之意 / 142

第八章　千万不要迷信专家

医疗失误是如何发生的 / 145

成为健康学习者 / 150

第九章　在专念中变老

有意义和无意义的记忆 / 162

究竟是变老还是衰退 / 163

在养老院里无聊地活着 / 166

认为自己老了会加速衰老 / 170

尝试控制自己的行为 / 173

每个人都是不同的个体 / 174

从不同角度看待"他们" / 176

第十章　成为健康学习者

我们可以选择如何活着 / 181

专念的力量 / 185

正确地处理日常生活 / 187

通向可能性的旅程 / 190

致　谢 / 193

第一章　谁说时光不能倒流

我们需要的不是信仰的意志，而是发现的意愿。

——威廉·华兹华斯（William Wordsworth）

时光不可逆转，天命不可违抗。在岁月的摧残之下，我们会变老，青年时期的朝气活力最终只能变成美好的回忆。人年纪大了，就会疾病缠身，身体一天不如一天，精力也一天不如一天。对我们而言，最好的方式就是心平气和地顺应天命。一旦病魔降临，我们只有把自己托付给医生和现代医疗技术，然后尽量往好的方面想。我们无法阻挡时间的脚步，更不能回到过去。不是吗？

20 世纪 70 年代，我和同事朱迪思·罗丁（Judith Rodin）以养老院的老年人为被试做了一个实验。我们鼓励一组被试，也就是实验组的被试，尽量自己拿主意，例如，他们可以选择在哪里接待访客，也可以决定是否以及何时在养老院里看电影。他们每人还选择了一个盆栽去侍弄，可以决定把盆栽放在房间里的什么位置，也可以决定在什么时间给盆栽浇多少水。我们的目的是让他们更专注，生活得更充实，免得与世界脱节。

第二组被试，也就是控制组的被试，则不用拿什么主意。他们也分到了盆栽，但是被告知，养老院的员工会替他们料理。一年半以后，我们发现，同控制组的被试相比，实验组的被试更快乐、更活泼、更机警（依次测验实验组和控制组，然后进行差异检验，最后得出了这一结果）。我们还发现，同控制组的被试相比，实验组的被试要健康很多：因为在刚开始时，所有被试的年纪都很大、身体都很弱，所以在实验期间不断有被试去世，然而，实验组的去世人数不到控制组去世人数的一半。这一发现令我们既高兴又吃惊。

接下来的几年，我花了很多时间思考这是怎么回事。我们的解释是，实验组被试可以做选择，拥有更多的自主权。这一解释尽管算不上无懈可击，但是却在随后的研究中得到了进一步验证。在我们做研究的同时，社会上兴起了一场后来被称作"新纪元"的运动（New Age Movement），之后，有关身心关系的实验研究在全美范围内展开，一个老掉牙的问题再次被提出："非物质的心灵和物质的身体之间到底是什么关系？"身心相关的例子随处可见。看到老鼠后，在感到害怕的同时，我们的脉搏会加速，我们的皮肤会冒汗；想到要失去一位至亲时，我们的血压会升高；看到别人呕吐时，我们自己也会觉得恶心。尽管我们能轻易地找到身心相关的证据，但似乎并非真的理解这种关系的本质。连我们这些研究人员也曾感到吃惊：仅仅让人做出选择，就能获得我们的研究所揭示的那些神奇的结果，这看上去非常不可思议。后来我认识到：做出选择可以使人产生专念状态，这是一种广泛存在于大多数文化中的现象，而我们感到吃惊也许是因为漫不经心。我开始认识到，那种身心二元论的观点不过如此，而用一种不同的眼光、一种非二元论的视角看待身心关系也许更有用。如果我们重新把身体、心灵放在一起，再次还原成一个身心合一的人，那么，我们是否能够做到，无论把心灵带到哪里，也能够把身体带到哪里。如果心理处在一种十分健康的状态，那么身体也会一样——这样，我们就可以通过改变心理状态来改变身体状态。

我接下来要回答的问题是有关极限的。心理能在多大程度上影响身体？如果我闻到刚出炉的面包的香味，并且想象自己在吃它，那么我的血糖水平会升高吗？那些深信自己牙齿很好的人，在每年的体检中，X光检查结果能表明他们的牙齿确实很健康吗？那些年纪轻轻就秃顶并认为自己早衰的男性，其检测出的生理年龄确实比那些满头乌发的同龄人大吗？那些做过美容手术的女性，当她们每天看着镜子里显得比实际年龄更年轻的自己，其衰老速度会不会真的有所减缓呢？这些问题看起来也许有些"离谱"，但却值得一问。

1979年，在最初的养老院"盆栽"实验几年之后，我们很自然地想到了继续把老年人作为被试，以解答一些极限问题。我和学生们设计了一个研究——我们后来把它叫做"逆时针研究"——来考察，在心理上让时光倒流会对身体产生什么影响。我们要重建1959年的世界，让被试就像年轻20岁那样去生活。如果我们让他们的心理年轻20岁，那么身体会反映这一变化吗？

就像很多其他想法一样，这一想法初看起来十分不可思议，但是我们越思考，越觉得它可以实现。于是，我们最后决定，这个想法值得一试。学生们并没有我那样自信，因为这不是一项常规研究，但是他们很快就和我一样兴奋了。

首先，我们咨询了老年医学专家，想知道有哪些明确的生理年龄指标。令人吃惊的是，他们的答案是没有（现在仍然没有）。在不知道一个人的实足年龄（chronological age）的情况下，科学是无法精确地确定这个人有多老的。然而，为了做研究，我们必须找到方法测量被试在研究前后分别有多老，所以，我们挑选了一些最好用的心理指标和生理指标。除体重、灵巧性和柔韧性之外，我们还计划测量单眼、双眼的矫正视力、裸眼视力以及味觉敏感度。我们还要让潜在被试完成一系列纸笔迷宫测验（paper-

and-pencil mazes tests），以测试其反应速度和准确率，另外，我们还要测量他们的视觉记忆。我们还要给潜在被试照相，这样就可以评估他们在外表上发生了什么变化。最后，我们会让每个潜在被试完成一项心理自评测验。所有这些测验都有助于我们挑选被试并评估研究结果。

我们在当地的报纸上刊登广告招募被试，将研究的主题描述为"追忆"，也就是让一些80岁左右的老年人在僻静的乡间居所住一星期，并谈论一下过去。为了让研究简单一些，我们决定只招募一个性别的被试，这样方便安排食宿。我们选择用男性做被试——那些没有生病、头脑清醒因而能参加我们安排的活动和讨论的男性。广告刊登出去之后，很多人向我们咨询详情，希望知道这一研究对他们上了年纪的父母有哪些好处。我们先使用电话进行面试和初筛，并邀请通过初筛的潜在被试到我们的办公室进行基线生理测试和心理测试。

面试过程让人难忘。在第一次面试时，我让一位名叫阿诺德（Arnold）的男人介绍一下他自己，重点是讲讲他觉得自己的身体状况怎么样。与其他带父母参加研究的人不一样，阿诺德的女儿坐在一边，让父亲自己讲，没有打断他。阿诺德向我讲述了他的生活以及他以前喜欢参加的各种各样的活动，其中有体力活动，也有智力活动。现在，他没有什么精力了，任何事情都做不了多少了。他不再阅读，因为即使戴上眼镜，也很难看清书上的文字。他不再打高尔夫，因为走得太慢，而这太让人沮丧了。他一出门就感冒，不管在什么季节，不管他穿得有多暖和。阿诺德说，任何食物对他来说都没有什么味道。他描述的这幅图景和我想象的一样黯淡。

然后，阿诺德的女儿——她让她父亲自己说，因此得到了我的无声赞扬——开口了，客气地说阿诺德"喜欢夸张"。

悲哀的是，女儿这样驳斥他的抱怨，阿诺德并没有表示反对。

我告诉他，我不知道这项研究能带来什么变化，但是，他至少会度过愉快的一周。阿诺德同意参加研究。

随着面试的人越来越多，在听他们抱怨自己的身体状况时，我的疑虑也越来越大。我们会发现积极的结果吗？而这一结果对得起我们把这么多人聚到一起做研究所付出的辛苦和努力吗？我和我的 4 个研究生都清楚，这确实是我们最主要的顾虑，但是考虑到已经做了很多工作，所以我们决定继续。我们挑选好被试，把他们分成两个 8 人组——一个实验组，一个控制组——然后开始实施我们的实验计划。

为了给实验找一个合适的僻静居所，我和我的学生们跑了好几个镇子。我们需要的是一个看不出时代痕迹、没有什么现代设施的地方。最后，我们在新罕布什尔州彼得伯勒市找到了一个旧修道院，并且发现它非常符合我们的要求。我们计划把它改装一下，让它再现 1959 年的世界。实验组的被试要像活在 1959 年一样在这里住上一星期，每次谈话和讨论都要用现在时。我们给每个人发了一封邮件，向他们介绍相关信息，包括总指导语、一周的日程（包括三餐安排、小组讨论所涉及的电影和政治话题、每晚要参加的活动）和居所的平面图（上面标出了每个人的房间）。我们告诉被试，不要把 1959 年以后的任何杂志、报纸、书或家庭照片带进来。我们还要求被试要像活在 1959 年一样写一个简短的自传，并且让他们提交一张自己在 1959 年左右拍的照片。我们把这些自传和照片编辑成册，给同组的每个被试发了一份。

一周以后，第二组——控制组——的被试也在这里静修一周。他们的待遇与第一组被试一样：住在同样的地方，参加同样的活动，讨论同样的话题。不同之处在于，他们在谈话时要使用过去时，要提交自己的近照，而且一旦开始静修，就要追忆过去。这样做主要是为了提醒他们现在不是 1959 年。

我们知道，如果要让时光倒流，那么我们必须使用可靠的方式让被试

真切地感觉到时光确实倒流了,对两组被试都是如此。我们仔细研究了
1959 年的日常生活是什么样子的。我们了解了当时的政治话题和社会话
题、人们观看的电视节目和收听的广播节目,以及当时可能接触到的报纸、
小说、唱片等。我们按照 1959 年的样子设计了一个星期的生活,让被试
切身地感觉回到了 1959 年。这样做很难,但是我们做到了。

我们将实验组被试聚齐,向他们介绍接下来的一周是什么样子。我们
在介绍中一直强调研究的"现在时"性质,告诉他们最好不要仅仅用一种
追忆的心态度过这一周,而是尽量让自己的心灵完全回到过去。我当时激
动地说:"因此,我们要度过一段非常美好的时光——我们要回到 1959 年。
显然,这意味着所有人都不得谈论发生在 1959 年以后的任何事情。你们
的任务就是帮助彼此做到这一点。这个任务很难——我们不是让你们像
活在 1959 年一样生活,而是让你们做回 1959 年的自己。我们有充分的理
由相信,如果你们做到了这一点,就能找回 1959 年的感觉。"我们告诉他们,
他们所有的交往和谈话都要反映"现在是 1959 年"这一"事实"。我满怀
热情地说:"刚开始时可能显得很难,但是你们越早让自己回到 1959 年,
享受到的乐趣就越多。"几个被试紧张地笑了笑,一个被试激动地发出了
"咯咯"的笑声,两个被试只是冷笑着耸了耸肩。

就这样,我们在"漂亮的 50 年代"度过了一周。在那个年代,IBM
的计算机有整个房间那么大,美国女人刚刚时兴穿连裤袜。

静修周开始后,我们每天都见面讨论时事,比如,美国于 1958 年
(实验组的"去年")发射了第一颗人造卫星"探索者 1 号"(Explorer 1)、
美国需要建造防空洞、卡斯特罗进军哈瓦那等。热点话题有共产主义、
巴尔的摩小马队(Baltimore Colt)在美国橄榄球联盟(NFL)锦标赛
中以 31∶16 的比分大胜纽约巨人队(New York Giants)。我们通过广播
收听"皇家轨道"(Royal Orbit)赢得普力克尼斯大赛(Preakness)冠

军的消息。我们在一台黑白电视机上看《菲尔•西尔沃斯秀》（*The Phil Silvers Show*）和《埃德•沙利文秀》（*Ed Sullivan Show*）。我们看"最近"的新书，比如伊万•弗莱明（Ian Fleming）的《金手指》（*Goldfinger*）、利昂•尤里斯（Leon Uris）的《出埃及记》（*Exodus*）以及菲利普•罗思（Philip Roth）的《花落遗恨天》（*Goodbye Columbus*），并且互相分享读后感。喜剧演员杰克•本尼（Jack Benny）和杰基•格利森（Jackie Gleason）让我们发笑；佩里•科莫（Perry Como）、罗斯玛丽•克卢尼（Rosemary Clooney）和纳特•金•科尔（Nat "King" Cole）的歌声回荡在收音机中；我们还看那个时代的电影，比如《安妮日记》（*The Diary of Anne Frank*）、《宾虚》（*Ben Hur*）、《西北偏北》（*North by Northwest*）以及《热情似火》（*Some Like It Hot*）。

结果如何？我们注意到，在各自的静修周结束之前，两组被试的行为和态度都发生了变化。确实，静修周的第二天，每个人都积极地在饭前摆桌子、在饭后收拾打扫。尽管刚开始时，他们非常依赖自己的亲人（这一点在他们被亲人送到哈佛心理学院面试时可以看出来），但是，静修周一开始，他们所有人几乎马上就能够自理了。在每组的静修周结束后，我们对所有被试进行了重测，结果发现，心理确实能在很大程度上控制身体。两组被试都受到了尊重，参与了热烈的讨论，度过了与他们平常的日子截然不同的一周。两组被试都觉得自己的听力和记忆力提高了。他们的体重平均增加了将近 3 斤，握力显著增加了很多（不知道这对他们来说是不是好事，但极有可能是好事）。从很多指标来看，被试确实变"年轻"了。同控制组被试相比，实验组被试在关节柔韧性、手指长度（因为关节炎减轻了，手指能伸得更直了）、手的灵巧度等方面有了更大改善。在智力方面，实验组 63% 的被试的分数都提高了，相比之下，在控制组中只有 44% 的被试的分数提高了。他们在身高、步态与体态方面也有所改善。最后，我们让一些不了解研究目的的人对被试静修周前后的照片进行对比。这些客观的评价者指出，实验组的所有被试在研究结束时看上去年轻了很多。

这一研究大体上塑造了我在接下来的几十年中对变老以及极限的看法。随着时间的推移，我越来越不相信"生理即命运"（biology is destiny）^①。限制我们的不是身体本身，而是我们对身体极限的看法。现在，面对任何有关疾病如何发展的医学观点，我都不会想当然地认为它一定正确。

如果年纪那么大的人都能在很大程度上改善自己的生活，那么我们其他人也能。首先，我们必须问一个问题：那些我们视之为真实存在的极限真的存在吗？比如，我们大体上认为：年纪大了，视力就会变差；慢性病是根治不了的；当我们不再像年轻时那样对外部世界应付自如时，就是我们自身出了问题。

整个社会都很关注健康问题，但是对于怎样过上健康的生活，我们却知之甚少。为什么会这样？我们读了杂志上一篇又一篇文章，有关养生保健的图书和电视节目数不胜数，人们疯狂地迷恋健身和健美，然而，仔细想一下就会发现，我们在心理上根本没有为实现健康目标而努力。相反，我们的所思所为直接妨碍了我们去追寻自己想要的健康。我们需要尝试一种更专念的方法，一种否认我们给自己的身体所设的极限的方法。

专念健康，不是教人如何正确饮食、如何锻炼以及如何谨遵医嘱，也不是教人放弃这些东西。它讲述的不是新纪元医学（New Age medicine）^②，也不是对疾病的传统理解。它讲述的是我们需要摆脱思维定势，突破这些思维定势给我们的健康和幸福设定的极限。我们需要认识到，重要的是，我们要成为自己健康的守护者。想学习如何改变，首

---

① 这一说法源自弗洛伊德的"解剖即命运"。弗洛伊德最初提出此说法时，指的是男性和女性具有天然不同的生理结构，这决定了他们要分别承担不同的社会角色。——译者注
② 它是新纪元运动中整全健康运动的分支，强调把人当作一个整体来治疗。——译者注

先要弄清我们是怎样误入歧途的。本书的目标就是引导你打开思路，拿回本该属于你且对你而言最重要的东西。

如果狗可以唱歌

大多数人都认为，"总是""从不"这两个字眼好像不适用于理解世事。与此信念类似的是一个更科学的看法：某个观点在一般情况下正确，在特定情况下却不一定正确；只要存在例外——即使例外发生的可能性很小——我们就不能预测在某一情况下一定会出现某一结果。某个观点在大多数情况下对大多数人来说是正确的，但对于我们自身而言却未必如此。如果我的腿需要截肢，那么大多数人的截肢手术都很成功这一事实不会给我带来多少安慰。

在为一些严肃而重要的问题提供答案这项事业上，科学作出了很大贡献。然而，科学数据只能说明一般情况、揭示一般规律。某种药物或疗法是否有效，是由某项针对某特定人群调查该药物或疗法对于某特定疾病是否有效的研究决定的。仅仅基于现实的原因，各种各样的人——身体类型不同、基因构造不同、生活经历不同，等等——被选作研究被试的概率不可能完全一样。调查的每一方面是调查当时的最佳估计，也就是说，挑选哪些人做研究被试、考察哪些症状或者症状群、关注药物或者疗法的哪些方面、使用哪种测量方法，都取决于医疗界所做的选择。因为医学问题十分复杂，医学实验不可能囊括所有的未知情况，所以，用概率来表达这些研究结果，也就是表述为一般事实，是很有道理的。

敏锐的读者也许会问："为什么你的研究与众不同呢？"我的大多数研究都是为了检验可能性，而不是为了揭示一般事实。如果我能让一只狗唱歌，那么我可以说，狗是有可能唱歌的。逆时针研究的结果并没有表明，我们每个人谈论过去的话，都能获得同样的结果；然而，它确实告诉我们，只要我们去尝试，这些改善就有可能发生。

一般研究告诉我们的是有关"大多数"人的事实。既然我们关心的主要是自己——而不是大多数人——该怎么做，那么仅仅参考现代医学研究是找不到明确答案的。医学研究并不是错误的，也不是没用的，但是，作为个体，我们拥有医学研究缺失的一些信息。我们需要学会整合医学研究所揭示的一般事实与我们对自己的了解——或者说我们可能在自己身上发现的东西。

如果一件白衬衫染上了一个红点，那么我们很容易就能注意到。但是，如果这件衬衫是细格图案，那么我们也许注意不到。我们大多数人对自己都是如此漫不经心——因为压力、抑郁、劳累或其他原因——以至于当我们看自己时，我们看到的只是一件细格衬衫。但是，如果我们试着留意这个世界以及自身所具有的新的、与众不同的东西的话，就可以改变这一点。当留意新东西时，我们开始变得专念，而专念本身能引发更多的专念。我们越专念，就越有可能把自己看成白衬衫，就越容易看到上面的红点，从而及时除去它。

关注周围的世界，并非意味着我们需要变得过分警惕。我们的注意力会自然地投向那些与众不同或者会打破平衡的东西。如果我们顺从自己的注意力，那么不用通过意识努力或者特意投入注意资源就能捕捉到微小的信号。但是，首先，我们得打开思路，看到更多的可能性。我们所有人在口头上都承认"一切皆有可能"，不过，一旦遇到"以前从来没有"发生过的事情，大多数人的脑海中就会冒出既有看法，并立刻把可能性抛到九霄云外。四肢能再生吗？瘫痪能根治吗？尽管我们同意"一切皆有可能"，但大多数人都会不假思索地回答说"不能"。为什么我们说的是一套，做的又是另外一套呢？一种解释是，基于日常生活经验形成的心理定势让我们看不到可能性。我们没有仔细琢磨自己对世界的看法，因为我们往往是在漫不经心的状态下学习的；这不是因为我们不注意学习的内容，而是因为我们不注意学习的背景。我们没有考虑到，在此处为真的事实，在彼处不一定为真。如果没有想到去审视已有的观念，那么我们就无法更新或者改进这些观念。如果没有质疑的习惯，那么我们就不会问自己是怎样知道我们所知道的东西的，也不会问我们基于哪些事实，更不会问发现这些事实的科学是否可信。不加鉴别地接受信息会让我们付出惨重的代价，甚至终其一生都不知道，我们认为不可能的事情实际上也许是非常有可能的。

大多数人，包括科学家，都会陷入"假设—证实"的怪圈。一旦认为自己知道了某些事情，我们就会寻找支持这一信念的证据。而不幸的是，只要寻找，我们就会找到。如果要寻找反对某一信念的证据，我们应该也能找到，在大多数情况下，这一做法也许对我们更有利，但是我们不习惯这样做。社会心理学家通常采用多变量交叉设计的方式，考察某一结果在哪些情况下会出现，在哪些情况下不出现。如果我们所有人经常这样做的话，也许会发现一些我们不知道的事情，或者形成一些更加精确的信念。然而，如果仅仅为自己的信念寻找支持证据的话，那么我们就会为同一假设收集到越来越多的证据，甚至因此让一个原本错误的信念变得牢不可摧（只为自己的假设寻求支持证据的研究人员也会出现这种问题）。我们的信念，通常源于传统智慧或者专家意见。例如，人们普遍认为，酒精对身体有害无益，科学——专家意见——认为在大多数情况下确实如此，治疗酒精中毒患者的医生也证实了这一点。在很多情况下，我们都不会质疑他们任何一方的观点，而是把他们的看法当作"真理"接受下来。如果我们质疑的话，那么也许会将不可能的信念转化成可能的信念。例如，现在我们都知道，红酒对身体实际上是有好处的。

迎接不可能，拥抱可能心理学

在大多数心理学中，研究者都倾向于描述一般事实，而且往往用十分敏锐的视角和创新的方式描述一般事实。但是，知道一般事实和知道可能出现的情况，并不是一回事。就我记忆所及，我的兴趣在于，发现可能性以及弄清哪些细小的变化可以让这些可能性变成现实。我的研究展示了，怎样用一句不同的话、让人在小事上拿主意或者稍微改变一下物理环境就能改善人们的健康和幸福。小小的变化能够带来很大的效果，所以我们应该敞开胸怀，迎接不可能，拥抱可能心理学。

第一步，可能心理学首先要求我们从一个假设开始，这个假设就是，我们不知道自己能做什么或者会变成什么样。可能心理学认为，我们不应以现状为出发点，而是应该以目标为出发点。从目标出发，我们可以问自己怎样才能达到目标，或者说接近目标。这是思维上的一个细微变化，而且我们一旦意识到受困于限制自己潜能的文化、语言和思维模式，那么就容易做出一些改变。例如，我们所有人都曾信誓旦旦地说过"不尝试就不知道"之类的话，但是却没有意识到这类话很有误导性。我认为，即使尝试过，我们也许还是不知道，因为如果我们尝试了而且失败了，那么我们知道的也只不过是自己所尝试的那种方法不管用。我们仍然不能说："这完全不可能。"

面对疾病和衰老，我们也许会找到方法去适应。但是在可能心理学中，我们要寻找方法去改进，而不是仅仅去适应。

例如，我们大多数人都相信，人到四五十岁时，视力就会开始下降。确实，研究表明，到了这个年龄，很多人——即使不是每个人——的视力都开始下降。但是，我们经常会漫不经心地将这一可能结果变成绝对事实。当阅读出现困难时，我们就认定自己的视力变差了，于是戴上眼镜，以适应这一"现实"。我的意思并不是说，验光师在我们从生理的角度看并不需要眼镜的情况下给我们配了眼镜；也不是说，在这个时候我们不需要眼镜。我的意思是指，如果我们并不接受视力永久性地变差了这一"现实"，那么它也许就不会变差。相反，如果我们认为，随着时间的推移，视力也许会改善——比以前的最佳状态还好——那么我们也许会想办法让这一想法成为现实。只要想一想拥有超强视力的聋人和超强听力的盲人就不难明白这一点。我们当然能够找到一些在我们看来比其他东西看得更清楚的东西，所以我们最好问问自己，为什么不试着把那些看得不那么清楚的东西看得更清楚呢？我们甚至连问都不会问自己，直接就做了——接受视力永久性地变差这一"现实"，然后给自己佩戴一副眼镜。

拥抱可能心理学的第二步是尝试不同的方法，并且在这一过程中不对自己做任何评价。让我们继续以视力为例阐释一下。当眯起眼睛还是看不清小号字时，我们不会进行自我评价，不会觉得有伤自尊，只会注意到这种方法是否管用。带着这种简单的心态，我们也许更可能注意到自己视力的一些反常之处，比如，有时我们能看见先前看不见的东西，有时又不能，这些反常能够提供一些线索，让我们知道自己的视力发生了什么变化。从这个意义上来说，同大多数人文研究和科学研究相比，可能心理学更积极、评价性更弱、过程导向性更强。

追求健康方面的可能性，你也许会获得想要的结果，身体可能真的会变得更好。另外，追求可能性这一举动本身也能带给人力量。拥有追求、胸怀抱负的感觉非常好，它能从整体上让我们产生积极的心态，有助于我们对抗一旦身体的其他部分变差整个人都会随之崩溃的想法。在努力实现可能性的过程中，我们也许会发现自身以及世界的一些有趣之处。比如，在探索视力"极限"的过程中，我也许会看到房子周围长久以来被我忽视的东西（因为我尝试看到它们，这种尝试是前所未有的，所以我看到了它们）；也许会注意到我需要一个新沙发（我注意到旧沙发有些地方磨破了，要是在以前，我是绝对不会劳神去检查的）；或者突然发现墙上挂着一幅我特别喜欢的画，而我已经很多年没有欣赏它了。

可能心理学对研究结果的解释方式也与众不同。在传统的、描述性的心理学中，只有当大部分研究被试都表现出某一效应时，我们才可以说这一效应真的存在，比如，只有当很多猴子都能清楚地说话时，我们才能下结论说猴子会说话。在这门全新的心理学中，只要排除了实验误差，那么即使只有一个被试表现出了某一效应，我们也能下结论说这一效应是可能的。只要有一只猴子说了一个真正的词语，那我们就有足够的证据对灵长类动物具有沟通能力这一发现下结论。通常情况下，那些不符合研究假设的被试会被看作无用的数据噪音，而在我的研究中，这些例外情况正是研究焦点。

在物理学中，"暗能量"之类的概念起到了占位符的作用。没人知道暗能量到底存在与否，但是假设存在暗能量，能给物理学带来很多好处。在心理学中就没有类似的占位符，心理学更常提的问题是"某一现象为什么存在"，而不是"某一现象可能存在吗"。与此相应，心理学研究者热衷于研究中介机制以解释某一现象为什么存在。研究结果如果无法解释，就会被弃置一旁。例如，很多心理学家都认为，人在变老的过程中，记忆力自然会逐渐衰退。如果一个上了年纪的人没有出现记忆力衰退的话，那么心理学家就会认为这个人是特例，自然不会把这个人的情况推广到其他所有人身上。在可能心理学中，中介机制并不是我们首先要考虑的东西。可能心理学的首要任务是弄清某一结果是否可能，然后再解释为什么可能以及如何去实现。

我们大多数人都认为，世界在等待着我们去发现，而不是认为，世界是我们自己建构的产品，因此等着我们去发明。我们经常表现得就像我们自己以及周围的世界是不变的那样，即使我们在理论上并不这样认为。也许，我们每天使用洗手间时都觉得不舒服，但是却没有意识到，如果将马桶的高度改变一下，我们会更舒服；我们哀叹，只有等到扭伤的手腕恢复之后才能画画，却从来没有认真地想过，也许我们可以用另一只手画画；因为患有青光眼，所以我们从来不去看歌剧，却从来没有想过在歌剧院里仅仅用耳朵听音乐就是极其难得的享受。只要我们思考一下就会发现，稍微改变一下就能让我们生活得更美好。心理定势——漫不经心——的负面作用就是这么强大！因为心理定势，所以我们把很多现象看成静止不变的，因此看不到其他可能性。在我们的头脑中，事物是静止不变的，尽管实际上它们每时每刻都在变化。如果我们打开思路，那么，一个充满可能性的世界就会自动呈现。

很多愤世嫉俗的人都认为世界是不变的、可以预测的，而且这些信念在他们的脑海中根深蒂固。也有一些人，尽管并不愤世嫉俗，但是仍然漫不经心地接受了这些观念。心理学需要一种新取向，我们的生活也需要一种新取向，因为现在是怀疑主义者——那些要求实证证据的人——的天下。他们决定了什么是可能的、什么是可实现的，对我们来说，这是一个很大的弊端。如果我们指出一个跟当前的已知事实大相径庭的可能性，那么举证的任务就会落到我们头上。然而，不问"可能性是什么样的"，而问"为什么不可能是这样"，也同样有意义。怀疑主义者所知道的事实仅仅是以概率为基础的，而这些概率是基于一种静止不变的研究视角得出来的。就像我们不能证明某一事物就在那里等着我们去发现一样，怀疑主义者也不能证明某一事物是不可能的。如果我从来没有想过是否存在某种可能性，那么就绝不会做逆时针研究，也绝不会见证我们心灵变革的力量。

第二章　健康，无极限

　　看过医学课本、咨询过医生之后，他的情况加重了。当他每天将自己的身体同前一天相比时，几乎觉察不出差别，这样他可以欺骗自己说，恶化速度并不快。但是，当他向医疗界寻求建议时，一切好像都在恶化，而且是在迅速恶化。然而，不管怎样，他还是继续咨询医生。那个月，他换了一个医生，也是一位著名专家，但是，这位著名专家所说的话几乎和第一位医生所说的一模一样，只是提问的方式稍微有所不同。听过这位著名专家的建议之后，伊万·伊里奇的疑虑和恐惧加重了……体内的疼痛一直折磨着他，而且每次发作起来，持续时间似乎越来越长，程度也越来越严重。他嘴里的味道变得越来越古怪，他自己都觉得这个味道很恶心。他的力气和胃口都在变弱。

　　　　　　——托尔斯泰《伊万·伊里奇之死》(*The Death of Ivan Ilyich*)

　　医疗界并没有给伊万·伊里奇提供多少帮助。他所咨询的那些知名医生，没有一个人知道怎样治好他的病，也没有一个人能够理解他或者给他提供多少情感支持。他们只是让他不断地尝试各种疗法和药物，但是结果证明这些疗法和药物没有一个有效。托尔斯泰的小说向我们展示了许多人都能想象得到的一幅图景，患病之后的最坏情况莫过于此：患上一种莫名的、不可治疗的疾病，身体每况愈下，内心感到无助。

从伊万的挣扎中，人们可以挖掘出很多意义，而我看到的是：伊万不是一个很好的病人——不管他对医疗界多失望。从托尔斯泰的描述中，我们可以看到，他漫不经心地把自己托付给医学世界，就像他早先把自己托付给社交世界和物质世界一样。当然，我们大多数人都是这样做的，但是这对我们的健康并不好。医生兼作家杰尔姆·古柏曼（Jerome Groopman）曾经说过："我们医生需要你们帮助我们更好地思考。我们需要你们质疑我们，在我们自以为了解了很多的时候打击打击我们，在我们误入歧途的时候提醒提醒我们……当医生真的不容易，但是，当病人更不容易。"伊万从来没有接受过这项挑战。

如果说做病人很难，那么我们根植于健康和疾病方面的心理定势会让这一角色变得更难扮演。1891 年，威廉·詹姆斯（William James）在论感觉时写道："在婴儿的意识里，任何感觉都是一团模糊、嗡嗡作响的混沌，不管这种感觉是来自眼睛、耳朵、鼻子、皮肤还是内脏。"后人经常引用这句话，用于支持减少不确定性从而让生活变得简单的观点。我们大多数人都毫不迟疑地赞成简单，即使在我们抱怨自己的生活太过简单的时候。我们所有人都不会密切关注那些在我们看来无关紧要的东西，尽管我们都有这样的经历：结果发现，正是那些无关紧要的东西发挥了关键作用。不管遇到什么事情，为了方便理解，我们都习惯贴上一个标签，这样，我们就不会从其他角度看待这件事情了，那些角度也许一样有意义，并且也许更有用。相较于具体问题具体分析，我们更喜欢确定的看法，只有在连专家也不能确定的时候，我们才会觉得沮丧。

在逆时针研究之后，我和我的学生们又继续做了很多研究，以探索健康与心理定势之间的关系。我们最近做了一项研究，考察的问题是：如果我们像那些比我们年长或者比我们年轻的人一样生活，那么我们的生理年龄是更接近那些人还是更接近我们的同龄人呢？我们发现：同一般女人相比，那些嫁给比自己年轻很多的男人的女人活得更久，而那些嫁给比自己年长很多的男人的女人死得更早。对于男人而言，这一现象同样存在，即使男女的预期寿命并不一样。心理学家伯尼斯·诺嘉顿（Bernice Neugarten）指出，"社会时钟"深深地影响着我们，也就是说，我们用一套内隐信念来度量生命，认为每个年龄阶段都有与其适宜的态度和行为（10岁的人有10岁的样子，20岁的人有20岁的样子，以此类推）。我们这样推理：如果我们按照配偶的年龄来调节自己的社会时钟和生物时钟的话，那么就可以改变一切。这样的话，配偶中年老的一方会变得"更年轻"、比预期寿命活得更长；而年轻的一方会变得"更年老"、比预期寿命活得更短。

其他研究者发现，女人不大可能在生日前一周去世，而更可能在生日后一周去世。男人呢，正好相反，不大可能在生日后一周去世，而更可能在生日前一周去世。戴维·詹金斯（David Jenkins）在评论中说，这一发现意味着男人和女人"用不同的方式将现实打包"。我们将信息打包的方式，或者说我们将信息结构化的方式，对我们自身具有极大的影响。比如，在自己生日前夕，女人满怀希望，期待着庆祝，而男人似乎就不怎么在意。

在最近一项有关人格、衰老、寿命三者关系的研究中，我的第一个学生——心理学家贝卡·利维（Becca Levy）——及其同事发现，与我们以及我们的医生所关注的那些典型生理因素相比，人们的心态对其健康状况的影响更大。他们的研究被试有650多人，主要来自牛津和俄亥俄州。1975年，这些被试回答过一份调查问卷，上面列出了一系列有关衰老的或积极或消极的看法，比如，"随着我的年纪越来越大，事情会变得越来越糟""随着我的年纪越来越大，我会变得越来越没用""我现在和年轻时一样幸福"，等等。他们可以选择同意或者不同意这些看法。研究者根据被试的问卷得分将其分成两类，一类对自身健康和衰老持有积极态度，另外一类则持有消极态度。

20 年后，研究者考察了被试的问卷得分与其寿命的关系后发现，平均而言，那些对自身健康和衰老持有积极态度的人的寿命，比那些持有消极态度的人长 7.5 年。仅仅保持积极的心态所取得的效果，就比降低血压或者减少胆固醇所取得的效果大，通常情况下，后两种方法只能让寿命延长 4 年。保持积极的心态，也比积极地锻炼身体、维持恰当的体重、不吸烟更管用，后三种方法只能让寿命延长 1~3 年。1999 年，心理学家海纳·梅尔（Heiner Maier）和雅基·史密斯（Jacqui Smith）发表了一项研究成果，这项研究考察了死亡率和 17 个心智状态指标（包括智力、人格、主观幸福感、社交能力等）的关系，结果也发现对衰老的态度是影响寿命的主要因素。他们使用的数据来自柏林老龄化研究项目（Berlin Aging Study），该项目在 20 世纪 90 年代早期收集了 500 多人的生理和心理健康信息。

看完这类研究的结果，有人可能会想：“很有意思，但是和我没有多大关系。”信念也许是决定寿命的最主要因素，这一观念和我们“知道”的那些事实太不一样了。我们必须把那些漫不经心了解到的事实放在一边才能理解，当我们知道某个事物是什么的时候，就不知道这个事物不可能是什么。没有哪门科学可以揭示，某个事物是不可控的，不管这门科学有多高深。所有的科学至多只能告诉我们，某个事物是不确定的。

理解不可控的世界和不确定的世界之间的区别，能够带来很大的好处。某个事物没有发生，并不表明它不能发生，只是意味着人们还不知道让它发生的方法。如果我们认为某种疾病是不可治疗的或者无法控制的话，那么我们也许绝不会尝试去治疗它，因为我们认为努力是没有意义的。医学界征服过的大多数疾病，在某个时候都曾被认为是不可控的，实际上，当时它只不过是不确定的，而这一切转变都是从认识上的转变开始的。

如果信念影响着我们的健康，那么我们当然应该学会影响自己的信念。为了做到这一点，我们首先必须做出一个关键的选择——必须选择相信我们能够控制自己的健康。我无法保证我们总能成功，但是，如果我们是正确的，那么就一定能征服那些"不可控的"因素；如果我们是不正确的，那么我们也能在追求可能性的过程中获得其他奖励。然而，如果我们选择不相信，那么我们将会蒙受巨大的损失——至少享受不到尝试的乐趣，而且还会丧失对自己的健康实施有意义的控制的机会。

调整心态，掌控健康

在30多年的研究中，我发现了一个有关人类心理的重要事实：追求确定性是一种可怕的心态。它会让我们的思维抵制可能性，并与我们所生活的现实世界隔离开来。当一切都确定的时候，我们就无从选择。如果没有怀疑，就没有选择。当我们信奉确定性的时候，就看不到世界的可能性，不管我们是否意识到了这一点。我们应该信奉的是不确定性，特别是有关我们健康的不确定性。如果这样做的话，我们就会获得回报：为练习掌控我们的生活创造了机会。

我们通常意识不到心态对自身的限制。只要想想下面几条常见且为我们大多数人所持有的有关健康的信念就知道了。

我们的身体要么健康，要么不健康。就像我们喜欢把心灵和身体想象成相互独立的两极一样，我们也喜欢想象，在任何一个时间点，我们的身体要么是健康的，要么是不健康的。当我们的身体是健康的时候，我们认为不需要对它投入多少注意力；当我们生病的时候，我们认为应该能找到治疗这一疾病的权威信息。不管信息是来自一位专家还是传统智慧，我们都期待它可以成为自己的健康处方。在这两种情况下，我们都偏爱确定性，而不具体分析健康到底是什么。

医疗界懂的最多。总体而言，在健康这个问题上，医生当然比我们懂的多。但是，同样可以肯定的是，没有人比我们更了解自己。考虑到这一事实，我们需要将医生的观点与我们自己的看法——其他人无法从我们自己的角度提供这些看法——结合起来，加以利用。

健康是一种医学现象。毫不夸张地说，我们把世界过度医学化了。如果我们体验到悲伤，那我们就说自己抑郁了；如果我们通宵达旦地玩游戏，那我们就说自己上瘾了；如果我们的睡眠时间少于 8 小时，那我们就说自己失眠了；如果我们不能为自己的选择负责，那我们就说自己得了拖延症（尽管每次在我们做某件事情的时候，必定有其他事情还没有做）。为什么我们觉得给自己贴标签没有什么不妥？这样做的代价是什么呢？我们漫不经心地给身体体验贴上医学标签，以致身体的任何反应都成了一种医学状况或者症状——做某事有困难就是在某方面有残疾或缺陷。在把这么多体验都归结为医学状况的同时，我们限制了自己对这些体验的理解（这确实是我们自愿如此，因为我们认为医生对其有更好的理解），结果使得医学状况对我们生活的影响超出了合理的范围。

为了重新掌控健康，我们需要明白自己不知不觉地放弃掌控的原因。在做专念讲座时，我经常问："谁知道自己的胆固醇水平？"这个时候，通常有个最近体检结果很好的人举手回答。在他说了自己的胆固醇水平后，我问他最后一次体检是什么时候。我每次碰到的答案都不一样，但是一般在一个月以前。于是我说："那么，自那以后，你就没有再吃东西、再锻炼吗？如果你再也不去体检的话，那么就意味着你会健康地死去啰？"这话总能引起一阵笑声，但是，实际上，它道出了一个严肃的事实。医疗界给我们提供了胆固醇水平之类的数据，而我们总认为这些数据不会变化（至少在我们下次体检之前不会变化）。事实上，我们现在的健康状况，并不是由过去的健康状况决定的。

我们漫不经心地对待自己的健康，这种漫不经心的态度日后将会造成严重的后果。我们一直忽视自己的健康状况，直到我们认为自己需要成为一名健康专家。我们应该改变以上做法，一边用心地学习与健康有关的知识，一边密切关注自己的健康。

漫不经心地答应请求

我们不知道，在与世界以及他人进行互动的时候，我们会多么漫不经心。我们通常不去质疑什么，只要它符合一些已有的信念或者根深蒂固的行为模式，即使它很荒谬。

1978 年，我和我的学生阿瑟·布兰克（Arthur Blank）、本齐翁·班查诺维兹（Benzion Chanowitz）做了一个研究。在研究中，我们走近排队等待使用复印机的人，问他们我们能否插个队。我们请求允许的方式有以下三种："我能先用一下复印机吗？""我能先用一下复印机吗？因为我要复印。""我能先用一下复印机吗？因为我很急。"就像通常可以想到的那样，使用第二种、第三种方式的话，排队的人更可能允许我们插队，因为我们给出了一个理由。有趣的是，使用第二种方式得到允许的可能性几乎和使用第三种方式一模一样，而第二种方式所说的"因为我要复印"几乎不能成为插队的理由。毕竟，如果我们不用复印机复印的话，那用它干什么呢？第三种方式所说的"因为我很急"是一个能说得过去的插队理由，但是，使用此种请求方式获得允许的可能性并不比使用第二种方式大多少。

我们下结论说，人们之所以漫不经心地同意"我能先用一下复印机吗？因为我要复印"这个请求，是因为里面包含一个"因为"，在句子结构上给出了一个插队的理由，尽管在内容上并不是这样的。换句话说，只要给出一个理由，人们往往就会漫不经心地答应你的请求，不管这个理由多么空洞。这看起来很愚蠢，但是，当我们漫不经心地接受一条信息并把它当作事实的时候，当我们把建议当作处方的时候，当我们想当然地认为医生比我们更了解自己的健康状况的时候，我们的行为的性质其实与上述做法差不多。我们不关注内容，是因为我们漫不经心地把注意焦点放在形式上了。尽管在无关紧要的社交情境中，这样做没什么大不了，但是，在我们的健康面临风险的时候，这样做就很要不得了。

对形式的关注超过对内容的关注，这一特点在我们身上如此根深蒂固，以至于我们很少质疑医生的嘱咐。医疗界也很少劳神地要求我们遵从他们的"命令"，他们只是给出"命令"。与其说他们给出的是"命令"，还不如说是建议，他们只是期待我们不怎么质疑就接受这些建议。而我们呢，确实是这样做的。就像在"复印"研究中我们给出一个形式上的理由"因为我要复印"就能使得别人答应让我们插队一样，在看病时，只要医生给出任何形式上的理由——内隐的形式理由是"因为我是医生"，外显的形式理由是"因为这种药物能够减轻或者消除症状"——就能让病人乖乖地服从"命令"。

这并不是说医疗界不值得信任，这只是说，很多医学问题本身是不确定的，尽管有些医生把它们说成确定无疑的样子。明白这一点很重要。同样重要的是要认识到，因为很多医学问题本身是不确定的，所以，我们不能因为自己不确定而不参与与我们健康有关的决策。

诊断不是答案，而是起点

多年以前，我和我的一个学生安妮·贝内文托（Anne Benevento）研究了给胜任感贴标签所导致的效应，我们把这一效应叫做"自我诱导依赖"（self-induced dependence）。在一系列实验中，我们发现，"助手"之类的头衔会明显地削弱自己的能力。推而广之，当我们把自己看作不如医生有见识的病人的时候，同样的效应也会出现——我们的能力会减弱。另外，当我们把控制权拱手让给别人的时候，往往就很难把它要回来了。结果，我们认为自己无能为力，即使我们并非如此。

　　例如，诊断就是标签。诊断告诉我们，某些感觉意味着什么以及应该怎样加以解释；诊断告诉我们，一系列体验是慢性的还是天生的，某个衰弱迹象是意味着复发还是恶化；诊断告诉我们，要期待什么，要小心什么，疾病是不是可以治愈；诊断告诉我们，某种疼痛是一种症状还是一种副作用，或者仅仅是一种感觉；诊断告诉我们，要担心什么，应该学会忽略或者忍受什么。诊断是医学决策的一个必要组成部分，但是就像其他任何标签一样，诊断把不确定的现象看成确定的，只是提供了一个一维视角让我们理解一种多维现象（诊断并没有把所有维度都考虑在内）。诊断描述的是很多个体在一般情况下的体验，并不代表某一个体在任何一个时刻的体验。鉴于我们的身体、感觉和体验存在固有的不确定性，所以，给任何一个诊断所描述的那些数不清的表现贴上一个标签，或者说，用一个标签就把一个人的身份、状况、体验或者潜力全部概括，是极其误导人的。就想对待其他标签一样，我们最好不要把诊断看作答案或者解释，而是应该看作起点，让其指导我们进一步追问其他问题。然而，在很多情况下，人们却百分之百地相信诊断，并且直接因此而丧失了希望。

　　只有质疑回应医学信息的传统方式，我们才能变成有效的健康学习者。如果我们认识到，医生所知道的只有那么多，医学所揭示的并非绝对事实，不可治疗实际上意味着不确定，我们的信念以及大部分相关的外部世界都是社会建构的，那么我们就做好了寻找新方式的准备。

　　诊断并不是没有用，而且我也绝不是建议人们像疑病症患者那样过度警惕。我的建议是，用心关注我们的身体，这样，我们就能在出现大问题之前发现那些细微的变化，并将其处理掉。专念与警惕有很大不同，它是一种适度的觉醒状态，而不是用一种漫不经心的态度——这种态度会阻碍我们更加全面地体验自我——关注我们身体的任何部分（或者和我们的身体有关的其他任何事情）。

在漫不经心地学习时，我们不会去细究两样事情——我们或者别人实际所做的、我们所认为的——之间有什么差别。我们从一个单一的视角解释经验，但却忽略了可能还有其他的解释方式。在专念地学习时，我们明白，从无数个不同的角度解释经验总是可以获得新的信息——从不止一个视角解释经验不仅是可能的，而且是极有价值的。这种做法可以让我们仔细思考自己所知道的"事实"以及自己是如何知道这些"事实"的。在具体经验水平上，每个事件都是独一无二的。那么，为什么我们认为自己可以从经验中学习？也就是说，如果事件本身不一定重复发生，那么一个过去的事件怎么能够告诉我们一个未来的事件是什么样子的呢？某一次的疼痛能够教会我们什么呢？

有一次，我和两个朋友边走边聊，其中一个朋友向我讲述了几年前发生在她身上的一件可怕的事。我不记得事情的背景了，只记得她说自己站在一个瓷质马桶上，马桶碎了，她摔倒了，马桶碎片在她腿上划了一道很长的口子，医生为她缝了 106 针。她说自己从这次惨痛的经历中吸取了一个教训，我问她是什么教训，她回答说："不要站在瓷质马桶上。"但是，我认为，教训可能是下面任何一个——"要谨慎些""不要试着自己修理东西""在尝试新东西时，要确保旁边有人看着""不要尝试任何新东西""在修理东西时，要穿上结实的衣服""不要害怕尝试新东西，因为身体具有神奇的自我修复能力""我承受得住打击，我不会被打败"，或者"减肥吧，免得下次又把马桶压坏了"。我可以不停地列举下去，但是我珍视我们之间的友谊，所以我没有继续。我不是说她给出的答案是错的，而是说那只是看待那次经历的一种方式而已。我们最好专念地体验学习过程，而不是漫不经心地从经验中学习。

经验极可能是一个蹩脚的老师。当认为自己正在从经验中学习的时候，我们是怎样学习的呢？我们回顾经验——一种本来可以从无数个角度加以理解的经验——然后把一种关系强加在两件事情上（即使可以从很多不同的角度建构两者之间的关系）。一旦把这种关系铭记在心，我们就会不断地去验证它，从而排除了其他任何可能的解释。所以，在很多情况下，经验不过是向我们"传授"那些自己已经知道的东西。有时，昨天的进步是今天的失败。如果我们摔断了腿，目前正在恢复中，我们可以试着拖着这条腿走路。第一天，我们觉得很辛苦，但是设法走了很远。正因为第一天走了很远，所以，第二天，我们走起来就不觉得那么费力了。我们应该已经明白，当再次面对同样的事情时，过去的经验可以让我们放弃，也可以让我们觉得更容易、激励我们更加努力。成为合格的学习者，要求我们把那些从世界中学到的所有东西都尽收眼底、了然于心，要求我们不仅要关注大事情，而且要关注小事情，并且要明白，有时小小的变化就可以造成很大的影响。我们经常觉得某些事情是不可能的，即使我们并不这样认为。减掉 45 斤体重，多么艰巨的任务！但是，我认为，很少有人觉得减掉 28 克是一项艰巨的任务。而我们需要的，正是这种减掉 28 克的信心。

第三章　时刻用心关注变化

　　一天早晨，格里高尔·萨姆沙（Gregor Samsa）从不安的睡梦中醒来，发现自己躺在床上变成了一只巨大的甲虫。他仰卧着，那坚硬得像铁甲一般的背贴着床，他稍稍抬了抬头，便看见自己那穹顶似的棕色肚子分成了好多块弧形的硬片，被子几乎盖不住肚子尖，都快滑下来了。比起偌大的身躯来，他那许多只腿真是细得可怜，都在他眼前无可奈何地舞动着。

　　"我出了什么事啦？"他想，这可不是梦。

——卡夫卡《变形记》（The Metamorphosis）

　　我们并非都是敏锐的观察者，尽管我们以为自己是。我们看到的是自己期待看到的，我们甚至注意不到别人看得很清楚的东西。有时，是因为我们的期待蒙蔽了自己的眼睛；有时，也许是因为我们害怕注意到变化，即使这一变化并不像突然变成一只巨大的甲虫那样剧烈。

　　我们学会了期待在某种情境下看到什么，很大程度上决定了我们在这种情境下真的会看到什么。在每学期的研讨会上，我都会问学生们："在继续今天的讨论之前，我是否有时间讲完一个故事？"

　　他们看看表说："当然，我们有时间。"

　　然后，我问几点了，大多数人会再看一次表。他们既然刚看过表，难道不知道是几点吗？令人吃惊的是，答案是"不"。在他们第一次看表时，实际上并没有看到是几点；他们只是在看下课之前是否还有足够的时间。如果期待一样东西，那我们很有可能错过另外一样东西。我们的期待在帮助自己看清一件事物的同时也蒙蔽了我们，让我们不去期待别的事物。

我们不妨比较一下传统指针手表和现代数字手表的区别。数字手表显示的时间更清楚，但是它显示的只有时间。指针手表可以告诉我们现在"差不多几点""刚过几点"或者"马上要到几点"，等等。在某种意义上，指针手表提供的条件信息更多。而条件信息有更多优势，特别是能让我们注意到变化。注意变化，是专念的关键。如果看到了信息在变化，那么我就能更好地针对变化提问，比如，我可以问"什么时候"或者"为什么是现在而不是那时"，等等。

对于研究者而言，变化往往是非常讨厌的，一项研究该拿去发表还是弃置一旁，可能就取决于它。从本质上说，为了检验一个假设——不管这个假设是某种药物疗法是有效的，还是某种四弦琴教学法是有效的——研究者看的是施加了假设所说的处理以后，假设所考察的状况是否能得到足够大的改善——大到可以观察到超出随机误差或者"正常"变化范围的差异。如果我检验一种增高药的效果，发现使用该药的每个人都增高了，而没有使用该药的人无一增高，那么就很容易看到该药的效果（尽管看不到副作用）。然而，事情很少有这么直截了当的。研究所考察的状况的变化越大，就越难判断处理是否有效。如果两组里面都有人变高了，但是用药组平均只变高了一点点，那么增高药是否有效就取决于用药组的变高量是否具有统计显著性。如果没有，那么研究结论就不能发表，所检验的增高药——假设它原本可能很有市场——就很难推广。

还记得我在第一章里讲过的那项我和朱迪思·罗丁一起做的研究吗？在那项研究中，我们让养老院的老年人负责照顾一个盆栽，看这样做能否让他们变得更专念并最终改善其健康。为了检验实验处理的有效性，我们使用的一种测量方式是让被试的护理人员对其一系列心理健康指标进行评价——白班护理人员和夜班护理人员都要对每个被试进行评价。从研究的角度看，如果所有护理人员对同一被试的评价是一样的话，那再好不过了。然而，扫一眼数据我们就发现，有些被试在某个护理人员看来情况很好，而在另外一个护理人员看来却并不是那么好。从护理人员的报告看，有些被试在早晨的情况更好，有些被试在夜里的情况更好。这种变化是否能大到遮蔽实验处理的效果？我们做了一下统计检验，发现不同的护理人员对同一被试的评价是足够接近的（不同的护理人员对同一被试的评价差异在可接受的范围之内），如此一来，我们就可以下结论说，我们的假设是正确的，而我们的研究结果也可以发表了。但是，有一个问题在我的脑海中挥之不去：到底是护理人员的评价真的存在变化（也就是说，同一被试在不同的护理人员眼中是不一样的），还是被试本身从早晨到夜里发生了变化（这样的话，任何人都能注意到这一变化）？就像我们将要看到的那样，这些不同的可能性——我们彼此之间是不同的，我们各自本身在不同的时间、不同的人面前也是不同的——对我们的健康具有重要的意义。

首先迈出一小步

我们大多数人都在上学期间接触过芝诺悖论（Zeno's Paradox）。我认为芝诺一定是个悲观主义者。其中一个广为人知的芝诺悖论是：物体在到达目的地之前，必须先到达全程的一半，如此往复，那么该物体将永远到不了终点。按照这一悖论，我们可以这样推理，一位旅行者步行前往某个特定的地点，他必须先走完一半的距离，然后走剩下部分的一半，接着再走剩下部分一半的一半，这样一来，永远有剩下部分的一半要走，因此，这位旅行者永远到达不了目的地！我们还可以这样推理，如果我距离一个喷泉 60 厘米，每次都要走一半的路程，那么我永远都喝不到水。

他人眼中的乐观主义者，在我看来往往是现实主义者。我发现了芝诺悖论的一个小小的、积极的用法，并把这一用法叫做"反芝诺悖论"（Reversing Zeno's Paradox）。从我们所在之处到我们想去之处，总能找到一小步可走，如果迈出这一小步，那么我们总能找到另外一小步可走，这样继续下去，最终，我们就能实现那些看起来遥不可及、无法实现的目标。我们在逆时针研究中的一段经历，正好可以阐释这一用法。

做好静修周的一切准备工作之后，我和我的研究生在哈佛大学的威廉斯·詹姆斯·哈尔大楼——心理学院所在处——前面的停车场上迎接我们的被试。在他们和家人告别之后，我们告诉他们，已经安排好了带他们去静修居所的巴士，并请他们上车。当我看着他们摇摇晃晃地上车时——有些人几乎是被搬上车的——我再次纳闷起来，问自己这是要做什么。但是很快，所有人都上了车，于是我们上路了。

一路上，我们听着 20 世纪 50 年代的音乐，包括纳特·金·科尔的《蒙娜丽莎》（Mona Lisa）、约翰尼·雷（Johnny Ray）的《哭泣》（Cry）以及汉克·威廉斯（Hank Williams）的《你欺骗的心》（Your Cheating Heart）。[①] 我们在开车，而被试呢，有些透过旁边的窗户静静地看着外面的风景，有些则和坐在旁边的人聊天。

一路平安无事。于是，我又开始为即将到来的静修周感到兴奋了。抵达静修居所后，我的学生们迅速下车，去取一些静修周会用到但是还没有安装好的设备。在他们走了之后，我意识到，我是独自一人和 8 位老年人

---

① 为了真实地模拟互联网还没有出现的年代，我们自己录制了磁带——试想这个任务多么不容易。为了找到合适的音乐录制磁带，我的学生们跑遍了各个音像店。他们认为寻找过程比录制过程更难，因为他们对 20 世纪 50 年代的音乐没有什么了解，也不怎么喜欢。

以及许多箱子待在一起。怎样把这些箱子搬到他们的房间呢？我的学生们不是来做侍应生的，而我，一点儿也不愿做"侍应教授"，于是，我对他们宣布，各人负责各自的行李。听我这么说，他们先是惊讶地合不拢嘴，然后说提这么重的箱子让他们很为难："我十多年都没有提过一个包了。""应该有个侍应生。"

我告诉他们不要急。我建议说，如果他们不能一下子把箱子带到房间，那么可以慢慢地做，一次往房间的方向移动几米；如果一次移动几米也很困难的话，那么就一次移动几十厘米。我还建议说，他们可以打开箱子，一件一件地把里面的物品拿到房间里，多拿几次就可以了。有两位老年人皱了一下眉头，但是令我感到安慰的是，其他老年人都没有找理由反对。尽管这件事并不在计划之内，但是从一开始，他们就逐渐意识到，这次经历将和他们以往的经历大不相同——他们大多数人以前都被保护过头了。

对于我的建议，每位老年人都选择了最适合自己的那一个。有几位老年人一下子就把自己的箱子搬进了屋、继而搬进了自己的房间。大部分老年人只是一次移动一小步，每次停下来歇一会儿。然而，我能从他们的脸上看出来，这一任务让他们充满了力量。尽管刚开始时，他们都以为自己办不到，而且有些老年人确实是一步一歇，但是最后，他们都成功地在没有外人帮助的情况下将行李搬到了自己的房间。看着他们搬箱子的时候，我想起了一句古老的谚语："千里之行，始于足下。"在反芝诺悖论策略中，一步是用与众不同的方式定义的——所在之处与想去之处之间路程的一半。

人们有一种倾向，看到某一事物是某个样子时，就以为它一定就是这个样子。也就是说，人们容易拘泥于现状，看不到改变的可能性。然而，如果我们总能找到一小步可走，那么就意味着，我们视为必然的极限也许只是我们自己或者我们的文化强行设定的。几年以前，在我为某养老院做顾问的时候，接触过一位上半身瘫痪的老年妇女。我问她："有什么事是你想做却做不到的？"她说希望能够自己擦鼻涕，因为她觉得连这都要人帮忙让她觉得很难堪。

我开始在她身上做功课，让她将胳膊往鼻子方向抬高15厘米。她做不到，于是我们不断地调低高度，直到她能稍微移动一下。在这之后，我们又慢慢地调高高度。经过很多次努力、很多一小步，她终于能够自己擦鼻涕了。

怀疑主义者会跳出来大喊："她可能根本就没有瘫痪，是医生诊断错误罢了。所以，没有任何证据表明总有一小步可走。"对于前半部分，我的回应是"是的"，医生说她瘫痪，可能是诊断错误，这正好说明努力帮她举起胳膊是正确的做法。另外，我们中有多少人会被医生做出这类错误诊断呢？对于后半部分，我会回应说，我们的努力即使在这位老年妇女身上不管用，也并非意味着在其他任何人身上都不管用。负面结果只是意味着我们没有为假设找到支持证据，这和我们找到了反对假设的证据完全是两回事。每当"不可能"发生就说是诊断错误的话，实际上等于放弃了质疑最初假设的机会。

我们都可以说自己相信存在改进的可能性，但是只有当我们真的相信它存在的时候，我们才能找到它。也就是说，与当我们认为无法找到它的时候相比，当认为能够找到它的时候，我们更可能找到它。总之，我们可以接受"我们不能掌控"的观念，这一观念可能是正确的，也可能是错误的。如果是正确的话，那么生命就没有意义；如果是错误的话，那么生命就会被浪费。但是，如果我们接受"我们可以掌控"的观念，这一观念可能是正确的，也可能是错误的。如果这一观念是错误的话，也就是说，如果最后没有得到改进的话，那么我们也绝对不能肯定将来不能得到改进，而在寻找改进可能性的过程中，我们也会获益匪浅；如果这一观念是正确的话，也就是说，如果最后得到了改进，那么我们就征服了所谓的"不可控"。

如果我们患上了一种不可控的疾病，那为什么还要尝试拯救自己呢？这样做不会有多少意义。记住一点，实际上，医学所征服的每种疾病，都曾被认为是不可控的，正是因为某个人把它看作"不确定"的而非"不可控"的，人们才找到了征服它的方法。

连科学家也经常把"不确定"的当作"不可控"的。一个人注意到某种现象，并且创造了一种理论来解释这种现象，然后，现象不断发生，理论被不断验证，结果，理论被看作真理。回顾一下这个过程，你会发现一个问题：整个过程就像用卡片垒房子——理论是第一层，随后的每层都是符合该理论的事实，然而，这些事实本来也可以用其他方式加以解释。因为理论预测了现象，所以现象被看成稳定的，而实际上它并没有那么稳定。

一种理论这样不断地被验证，并非意味着它所解释的现象不能从其他角度加以解释。几年前，减少参与理论（disengagement theory）被用来解释为什么老年人通常不如年轻人那样积极地参与世事。有人做了研究，结果发现，确实，老年人通常会减少参与，于是首次验证了该理论。因为有了一种理论让我们期待老年人会减少参与，所以我们花了一段时间才明白减少参与不一定是年纪变老造成的。在有关健康的问题上，类似的理论并不少。我们相信，我们的奔跑速度存在最快的极限，我们的饮食存在最合理的结构，我们的骨骼存在最短的愈合时间，我们的睡眠存在必要的时间以保证工作效率。类似的信念数不胜数，我只是列举了其中很少一部分。

为什么所有恐龙都长得一样

一切事物都是一样的，除非它不断地发生变化。为什么我们难以看到事物其他可能的样子呢？紧密交织的各种思想和理论就是这个问题的答案。科学家用一系列互相关联的概率来阐释理论，这样，在面对如此众多的"支持"证据时，就很难抨击那些既成真理。例如，我们非常清楚所有恐龙都长得一样，尽管我们谁也没有真的见过恐龙。最初，我们发现了几块恐龙骨头，某权威人士说这些骨头应该怎样怎样组合，于是，我们就根据此人的观点构造出了恐龙的模样。一旦有了这个起点，我们就很容易构造出其他恐龙的模样。后来，我们发现了更多的恐龙骨头，构造出了更多恐龙的样子。现在，假设我们发现了一种新的、不同的骨头，科学家把这些骨头完美地拼凑到一起后，构造出一种名叫谷谷龙（googliasauru）的爬行动物。之后，假设我们发现了一块新的谷谷龙骨头，这块骨头不符合已有概念中谷谷龙的样子，那么我们必须找到多少块新的、不符合已有概念中谷谷龙样子的骨头，才能完全重构谷谷龙的样子呢？

例如，我们也许"知道"某些脑损伤是"不可逆转"的，并把其当作事实。当接受"不可逆转"的标签为可靠的事实，并且仅仅用来验证已有理论的时候，我们会找到一些信息；但是，如果我们问的是如何逆转某种"不可逆转"的脑损伤，那么我们就会找到另外一些不同的信息。也就是说，提问方式或者说已有观念会对信息收集过程和结果造成影响。我们的医学之所以表现得越来越像研究者所定义的那种样子，就是这个道理。

关注变化，激发专念状态

1961 年，耶鲁大学心理学家尼尔·米勒（Neal Miller）指出，我们可以像训练随意神经系统（它能让我们抬高或者放下胳膊，也能让我们完成其他有意识的活动）一样训练自主神经系统（控制血压和心率等）。他的观点遭到很多人的怀疑。每个人都知道自主神经系统是自主的，是我们无法控制的。然而，他随后在生物反馈方面所做的研究——这些研究通过仪器让心跳之类的自主活动可视化——发现，人们能学会控制自主神经系统。如果我们认识到自己能够控制看不见的东西，那么控制它似乎就不再那么难以做到了。一旦学会了关注变化，那我们就能更好地提出"我们观察到的变化可能是什么原因造成的"以及"我们可以做些什么来控制自己观察到的变化"这两个问题了。

我和同事劳拉·德丽左拉（Laura Delizonna）、瑞安·威廉斯（Ryan Williams）最近做了一项研究，看看人们能否学会在把注意力集中到自己的心率变化之后控制它。我们将被试分成四组：三个实验组（稳定组、中度关注变化组、高度关注变化组）和一个控制组。实验组的被试每天都要通过把脉法监控自己的心率，并持续监控一个星期；其他不同的实验组，每天测量心率的次数和具体时间有所不同。"稳定组"的被试每天测量一次自己的心率并且记录下来，他可以选择在晚上快要睡觉的时候测量，也可以选择在早晨刚刚醒来的时候测量。我们期待这组被试将自己的心率看成相对稳定的，也就是说，每天的测量结果没有多少变化。"中度关注变化组"的被试每天测量两次，每天在什么时间测量是我们预先设计好的。我们期待这组被试所看到的心率变化是中等的。

"高度关注变化组"的被试每天每隔三小时测量一次，这能在最大程度上保证他们的心率记录出现很大的变化。另外，我们还告诉这组被试，如果他们觉得某次测量结果和前面的测量结果不同（当然排除了测量误差），那么要记下在本次测量的时候他们正从事什么活动。这样做的目的是让他们更加专注于变化。最后，控制组的被试不用监测自己的心率，只是记录下自己在一周之内的活动。

在进入正式研究之前，所有的被试都完成了一个简短的问卷和一个测验，然后就被送回家了。问卷测验的是他们认为自己有多大的能力控制自己的心率，测验是为了测量他们的专念力。在监控自己的心跳一周后，被试回到了实验室。在把被试的记录收上来后，我们给他们布置了一个奇怪的任务：先提高自己的心率，然后降低自己的心率。我们没有告诉任何一个被试怎样控制自己的心率，只是让他们在不改变肌肉紧张程度和呼吸频率的情况下运用意念改变心率。

在提高自己心率的任务中，"稳定组"和"中度关注变化组"的被试表现得都不怎么好，但是"高度关注变化组"的被试，也就是更专念的那组被试，完成任务的情况则明显好很多。尽管这组被试并没有将自己的心率提高多少，但是结果却很有意义。有趣的是，在控制组的被试努力提高心率的时候，他们的心率反而降低了。那些在专念力测验中得分较高的被试，不管被分到哪个组，在提高自己心率的任务中，都表现得比其他人更好；同其他人相比，他们在心率调节方面表现出了更强的控制能力。我们不知道他们到底是如何做到的，但是我们关心的是，专念的觉醒状态能否让他们找到一种办法。

指导人们关注变化和使用生物反馈法（biofeedback）都能激发专念状态，这两种方式有类似之处，也有几个重要的不同之处。生物反馈法通过使用一个外部装置，比如心率监测仪，帮助人们获得对自主活动的控制能力。生物反馈法是一种非常重要的工具，值得对其进行更为全面的探索，而关注变化这一方法则不需要依靠外部装置，针对的也不只是生理现象，其效果还可以推广到其他方面。运用这种方法，我们可以控制自己的生理反应、情绪和行为。也许，两者之间最大的不同之处在于，在生物反馈实验中，研究者要指导被试改变自己的生理活动，而在我们的研究中，我们只是给"高度关注变化组"的被试创造了一种有利于这种学习的条件。

稳定是一种错觉

如果关注变化能够让诸如心率之类"不可控"的过程变得在某种程度上可控，那么在一些并非那么"不可控"的情境中，关注变化的效果也许更大。比方说，在患有哮喘的时候，当我们学会把哮喘之类的慢性病看成一贯的、可以预测的疾病的时候，就更容易对付它们。但是，在某种程度上，所有的疾病及其呈现的症状每天都在变化。哮喘患者的第一项任务应该是认识到，在与自身疾病有关的事物中，最稳定的就是自己对这一疾病的心理定势。其经历的每次气短都和上次或以前经历的不一样，尽管各次气短之间的差异经常被忽略了。

吸入器（吸药用）之类的医学装置助长了这种稳定性错觉。不管我们需要多少，吸入器每次吸入的药物量基本上是相同的；它不能调节吸入量的大小，使得我们不去考虑在某个特定的时刻自己实际需要多少药物。如果一位哮喘患者注意到他的这次发作没有上次严重（或者比上次更严重），他就可能问自己为什么会这样。情况也许是这样的：当他去简（Jane）的家中拜访时，不需要使用吸入器；而当他去斯蒂芬（Stephen）的家中拜访时，则需要多吸几次。

注意到这一点后，他开始思考，什么东西会引起哮喘发作，怎样才能更好地应对它。也许，他不该再去斯蒂芬家了；也许，他该调查一下各种环境之间的不同之处。意识到在某种典型环境下我们的症状更有可能发作本身就能给我们力量；意识到这一点后，我们就能踏上寻找解决办法的自励和专念之旅。

各种疾病和心理过程都可以为我们所关注，比如抑郁。一般而言，当我们抑郁的时候，几乎不想别人陪在身边，也没有兴趣做可能让我们摆脱抑郁的事情。我们倾向于觉得没有什么人、也没有什么事情能让自己开心起来，而且认为和别人聊天或者做某件事情也许会让我们更不好受。通常，我们的对策是让自己退缩得更彻底，也不想改变环境，免得如果自己那样做了会更难受。熟悉的就是舒适的，我们会牢牢抓住熟悉的事物，避免可能出现的压力，即使这样做会导致或者加剧我们的退缩。有关抑郁的心理定势就是这样：抑郁的人往往认为自己总是抑郁的，抑郁是他们生活中的一个常数因子。

还有一种不同的取向。当我们变得抑郁的时候，会倾向于想象我们正退回到一种熟悉的、甚至必要的状况，一种与我们曾经历过的抑郁没有什么不同的状况。我们不去考虑自己当前的环境一定有什么不同之处，也不会试着找出这些不同之处。如果我们仔细考虑的话，不管是什么事情，第一次经历它和第十次经历它一定会有所不同。上一次抑郁也许是由一件很大的事情引起的；下一次抑郁也许是由一件很小的事情引起的。如果注意到各次抑郁发作的不同之处，我们就有机会更好地应对它。人们之所以把抑郁看作一种稳定的状况，其中一个原因就是，当我们称心如意的时候，一般不会审视自己、看看自己感觉如何。我们只是觉得不错，因此照常生活，不会为自己的感觉收集任何证据；而当我们变得抑郁的时候，便倾向于问自己为什么不开心，并且开始收集证据支持自己的抑郁状态。也就是说，当抑郁的时候，我们会问为什么；当开心的时候，我们则什么都不问。结果，当我们抑郁的时候，对自己历来的情绪状态没有一个完整的看法，并且几乎没有什么证据支持自己的开心状态，这样就会使得我们认为自己一直是抑郁的。

如果我们被鼓励着去注意自己今天的抑郁与昨天的抑郁有什么不同的话，那会发生什么事？我们会变得更加专念于自己的情绪状态。当我们通过一种单一的属性——"抑郁的"——来认识自己的感觉的时候（也就是认为我们的感觉要么是"抑郁的"，要么不是"抑郁的"），我们就会退回那种熟悉的、漫不经心的状态之中，在某种程度上（或者完全）感觉不到什么活力，因为我们没有在真正意义上活着，只是存在着。现在，假设科学让我们明白抑郁不止一种，而是有五六种类似但却不同的抑郁，那么我们的工作就是弄清自己的抑郁属于哪一种。比方说，医生告诉我们，我们经历的抑郁也许不止一种：早上经历的是一种，晚上经历的又是另外一种，甚至在一天之内，我们可能会在好几种抑郁之间来回转换。现在，我们就不会一心一意地对自己漫不经心了（我认为，一心一意地对自己漫不经心是抑郁的标志），而是会用心地关注自己。具有讽刺意味的是，这种关注也许会减轻我们的抑郁。

专念的本质是留意变化

我们之所以牢牢抓住稳定性错觉不放，是出于以下几个原因。

第一，尽管我们认识到，在某种程度上周围的世界是不断变化的，但是，我们并没有注意到，自己一直漫不经心地把它看成静止的。当我们专念的时候，就会注意到；而当我们不专念的时候，就会心不在焉，所以注意不到自己"心不在焉"。

第二，自出生的那一刻起，呈现在我们面前的就是绝对事实，而不是情境事实。没人教我们，年轻和年老，或者健康和不健康之间的区别是相对的，它们是社会建构，其含义取决于具体情境。我们习惯于把世界理解成和看成一套像"1+1=2"那样的事实，然而，世界的细微程度远远超过了这类事实允许的范围。我们一定学过，只有在使用十进制的前提下，"1+1=2"才能成立；如果使用二进制，那么"1+1=10"；如果把一块口香糖和另一块口香糖加到一起，那么结果还是一块口香糖，也就是"1+1=1"。

教育体系放弃具体问题具体分析的做法，转而支持确定性——它将世界简单化了，使其看起来比实际情况更具可预测性。这样，我们便把自己教育成了漫不经心的样子。就像心理学家西尔万·汤姆金斯（Silvan Tomkins）经常强调的那样，有些人认为世界等着我们去发现，另外一些人则认为世界等着我们去发明。"发现"和知道真相，我们将会获得奖励，正是这一点让我们牢牢地抓住稳定性错觉不放。我们漫不经心地把世界看作稳定的、一贯的，但是世界并不是这样的。一个人的抑郁和另外一个人的抑郁是不同的，一个人在不同情况下的抑郁也是不同的，不管我们是否选择注意这些不同。探究抑郁的本质会让人投入其中，这种投入也许正好和抑郁互不相容。

例如，假设我们的爱人被诊断为痴呆症，我们也许会用心地关注其状态。就像很多人所同意的那样，很少有人会在每一天的每一分钟都表现出痴呆症状，这也许会让我们提出一个问题：在没有表现出痴呆症状的时候，人们是否是痴呆的？把这些重要但棘手的问题放在一边，我们仍然可以利用那些清醒的时刻。事实上，就痴呆症而言，偶然出现的清醒时刻是一件令人心碎的事情——我们了解并且爱着的那个人还在某个地方。如果认识到诊断描述的只是一种概率，那么，我们也许会更加密切地关注在哪些时刻我们的爱人更清醒（那些认为可能不存在任何清醒时刻的人可以考虑一下，比如，也许是在即将入睡的那个时刻，或者是在刚刚吃完饭的那个时刻）。带着这种取向，我们获得的好处就是，在与配偶互动的时候会更加用心，而爱人获得的好处则是得到了更加用心的关注。我们难道不该抓住机会珍视"神智健全"的时刻吗？比如，假设某家养老院采用了这种策略，就可以教会工作人员和家属留意老年人的变化，甚至教会老年人自己这样做。如此一来，老年人不仅可以留意彼此的变化，也可以留意自己的变化，甚至还可以留意工作人员以及家属的变化。这就为我们提供了一种更积极的取向。

有些家属已经这么做了。通过留意爱人今天与昨天有什么区别（哪怕是很小的区别也要留意），他们认识到，还有希望找回爱人、与爱人保持联系。当我看到这一幕的时候，我觉得既有趣又悲哀，人们只有在爱人到了这般地步的时候才会对爱人如此用心，而不是自始至终如此。

这种用心的关注应该可以直接或间接地提高婚姻满意度。直接地提高婚姻满意度是指，用心关注会让我们的爱人觉得自己被在意、被重视着。我们不喜欢别人话里话外地说我们总是做某事或者从不做某事，也就是说，我们不喜欢被定型、被刻板化。当觉得别人看到的是此时此刻的我们时，我们才会觉得别人在意我们，而只有当别人关注我们历来的变化时，这一切才可能发生。间接地提高婚姻满意度是指，专念的感情更令人满意。实际上，在最近的一项研究中，我和我的学生莱斯利•科茨•伯比（Leslie Coates Burpee）惊奇地发现，对亲密关系表现出越多的专念，人们得到的好处就越多。在一段感情中，当专念的时候，我就可能注意到你的行为和感受的细微变化，你也能注意到我的。我可能会根据你当时所处的特定情境理解你的行为和感受，而不是笼统地去理解。如果在一段感情中，我们彼此都很专念，那么，我们就更有可能站在对方的立场上考虑其行为和感受，这样一来，我就会把你看成率直的而不是冲动的，始终如一的、稳重的而不是死板的、僵化的。

多年以前，我的祖母被诊断为痴呆症。当时，我非常吃惊，想不到像她那样看起来很正常的人竟然会得到这种诊断。无论什么时候我和她在一起，她的状态在我看来都很好，我也把她当作正常人来对待。我的第一反应是，诊断出错了。几年之后，我了解到，被诊断为痴呆症的人也有清醒的时刻。然后，我明白了和一个被诊断为痴呆症的人保持有意义的联系仍然是可能的。最后，我想到了一个问题："她为什么在某些时刻是清醒的，在另一些时刻则不是？"如果我提出这个问题，那么我们是否可以找到增加清醒时刻的方法？

任何一种疾病的症状消失或者减轻的时候，一定发生了什么，忽视这个时候到底发生了什么，必然会导致意外的后果。如果我们漫不经心地期待同一症状下次出现的时候和以前出现的时候没有什么两样，那么，我们就可能把一些本不相同的体验归为类似的体验。例如，如果我有关节炎，觉得背部有些痛，也许我就注意不到我的睡垫该换了。相反，我会以为我所有的疼痛都是关节炎造成的。如果我在不戴眼镜的情况下也能看清一些细小的东西，那么说我视力很差是什么意思呢？如果我看短信没有困难，那么我还是阅读障碍者吗？我们不是我们的疾病本身，我们不该由它们来定义，也不该为它们所限制。

上周，我和88岁的父亲一起玩牌，他能记住我出的每张牌，并且利用这一信息打败我。后来，我们去了游泳馆。他在那里锻炼身体，他能记住自己游了多少圈，知道自己还有多少圈要游。当天晚上，他告诉我说，他的记忆出了问题。我问他不能记住哪类事情，他也说不出具体是什么事情。他知道，他曾把一些东西忘在了某些地方，如此看来，他只是接受了丢三落四一定是记忆出了问题这一看法。他为什么不去区分自己的各种记忆问题呢？如果我偶尔（当我费力去看的时候）能够看清一些自己本来看不清楚的东西，为什么要同意我患了近视的诊断呢？

当问题被具体化后，解决的办法往往就会随之出现。我让我的父亲写下——如果他能的话——他不能记住哪些类型的事情，想看看是否存在什么规律。我的猜测是，至少在某些时候，他会"遗忘"那些他不怎么在意、起初可能没有记住的事情，而要遗忘，必须先记住。如果情况确实如此，那么他就可以对自己宽容一点儿，或者开始多用点心识记此类事情，这样以后更可能回忆起来。他甚至可以努力提高自己对此类事情的记忆力，这项任务并不像提高整体记忆力那样令人生畏。我们大多数人，如果健忘的话，并不是容易遗忘所有信息，而是某些信息。但是，大多数辅助记忆法都不区分具体情况，因此效果有限。我的父亲能够记住这一天的大量事情，却对忘记了的几件事情耿耿于怀。

相对于与日常生活没有什么关系的信息来说，我们更可能记住那些对我们有意义的信息。在一项早期研究中，我和同事鼓励养老院的老年人提高自己的专念力。我们告诉实验组的被试，每当他们弄清并记住我们要求其记住的信息时——比如，某项活动的举行时间，或者某个护理人员的名字——我们就给他们发一个筹码，而一定数量的筹码可以兑换一件礼物。因为他们想要礼物，所以我们让他们记住的信息就对他们有了意义。整个实验持续了三个星期，实验即将结束时，我们进行了测量，想看看干预是否有效。我们发现他们的记忆力改善了，于是下结论说，当识记有意义的东西时，记忆力会得到改善。最后一天，我们进行了几项认知能力测验，其中一项测验是让他们对其室友进行描述，另外一项测验是找出熟悉物品的新奇用途。这一记忆干预方式也显著延长了被试的寿命。在追踪研究中，我们发现，实验组的被试只有 7% 的人去世了，而对照组的被试有超过 28% 的人去世了。

一般观点认为，当我们变老时，长时记忆会保持不变，而短时记忆会减弱：上了年纪的人经常记不住刚刚见过的某人的名字，但是却能毫不费力地讲述过去经历的细节。记住的是对个人而言有意义的东西（不管年龄大小），这一观点和神经科学领域的最新研究成果一致。密歇根大学的心理学家德里克·尼（Derek Nee）、马奇·伯曼（March Berman）、凯瑟琳·斯莱奇·穆尔（Katherine Sledge Moore）和约翰·钟尼兹（John Jonides）在记忆研究中所发现的证据，支持的是记忆是一体的观点，而不是记忆划分为长时记忆和短时记忆的观点。从此类证据推导出的新的记忆理论，也许会引导我们认为，随着我们越来越老，记忆力衰退得并不像以前我们所认为的那样严重。如果事实是我们更可能记住有意义的东西的话，那么情况很可能是这样的：老年人生活在一个为年轻人创造的世界中，这一世界与其个人关系不大。

我们看待世界的可能方式有四种：我们可以总是用相同的方式回应不同的事情；我们可以用不同的方式回应相同的事情；我们可以用相同

的方式回应相同的事情；我们可以用不同的方式回应不同的事情。然而，我们没有记住的是，什么是相同的、什么是不同的是由我们决定的。我们倾向于在中等具体水平上应对周围的世界。比方说，我们观察一张桌子，在较一般的水平上，它是一件家具；在较具体的水平上，它是某种类型的桌子。而我们大多数人都把一张桌子看成一张桌子，除非我们在做家具生意或者在为新房配置家具。改变桌子的位置——从旁边移到中间，用作咖啡桌——那么同一张桌子就会变成非常不同的东西。期待事物保持不变，就会使我们放弃用心留意和创造细微区别的机会。我们不必如此。我们可以有意识地寻找区别，然后选择是否要有区别地进行回应。在具体水平上，没有哪样事物是永远一样的。

注意力缺陷多动症（ADHD），俗称多动症，被当作一种一般性障碍，其表现为难以集中注意力，并伴有学习能力、记忆力受损。然而，实际上，我们所做的一切事情多多少少都是需要注意力的，而那些被诊断为ADHD的人能够在很多事情上集中注意力。如果不笼统地说注意力缺陷多动症就是难以集中注意力，而是把焦点放在具体层面上，那会怎样？具体在什么时候，我难以集中注意力，早上还是晚上？平时还是假期？具体在哪些事情上，我难以集中注意力，记住医生诊室的位置还是新认识的人的名字？我是不是在有些情况下可以集中注意力，在另外一些情况下则难以集中注意力，比方说，当我不在意时，当我有压力时，或者当别人告诉我自己该做什么时，我难以集中注意力？

关注在欲望、需求、才干和技能方面发生的变化，我们更可能找到自己想要的那种健康。因为以为自己知道，所以我们把事物看成静止的，这种做法——无论是从字面意义上还是比喻意义上说——让我们看不到什么地方需要改进。稍微长高了一点儿、呼吸发生了变化、小便颜色发生了变化，这些变化常常被我们忽略，直到小变化积累成大变化。即使我们确实留意到了，有时也不想去面对，因为我们感到无助。但是，这些迹象都表明某些事情需要我们去关注，而它们——第一次变化——早在我们留意到之前就出现了。在我们当中，不只是那些不是医生的人常常忽略这些迹象，而且连医生也容易忽视那些可能很有意义的偏差。

在养生保健这件事情上，我们要尽可能采取互帮互助的做法。你帮我注意那些好像与我的症状一起系统共变的外部因素，我帮你注意你的。最终，责任虽然仍归我们本人，不过，我们的亲朋好友却能像医生一样帮助我们指出这些因素。在这一点上，可以想想上了年纪的父母的情形。成年子女在照顾上了年纪的父母时，经常会觉得无助，在很多情况下，他们都把父母当作婴儿来照顾，以致对父母保护过头。我们经常忘记，父母是否想戴助听器，应该由他们自己决定，而不是我们。有些老年人也许不想听子女或者护理人员不得不说的话。我有个朋友，他的婶祖母是民主党支持者，叔祖父是共和党支持者，在这对老年人开车从波士顿出发前往镇里投票的时候，婶祖母会把助听器关掉。更为重要的是，听力就像大多数其他东西一样，不大可能立即消失；在不同的环境下清晰地听到不同声音的能力，也不大可能立即消失。也许我们的听力并没丧失，只是我们缺乏听的兴趣。如果我们注意父母听力的变化，看看在什么时候以及什么环境下他们的听力特别好，在什么时候以及什么环境下他们的听力又特别差，那就会发生两件事：第一，我们觉得自己是有用的；第二，我们的父母也许会发现有用的信息。但是，我们大部分人都没有这样做，而是认为父母的听力总体上丧失了，于是开始发表一些无用的意见，在父母不需要我们大喊大叫的时候冲他们大喊大叫。

留意变化是专念的本质。但是，不要以为这样做会耗费你很多精力，因此让你没有什么时间做其他事情。实际上，专念是提神的，而不是耗神的。

第四章　谁在主宰健康

我们不是按照事物本来的样子来看待它们，而是按照我们心中所想的样子来看待它们。

——安内·尼恩（Anaïs Nin）

最终，所有 8 位老年人都将各自的箱子搬到了他们的房间。房间的整体布置并不精致，但是，每位老年人都有单独的房间。每个房间的装饰也不算时尚，只是随意地摆放着一些物品，比如一件瓷器或者一个花瓶，都是 20 世纪 50 年代那个时候的样子。看到这些细节，我们的被试大吃一惊，他们大部分人都以为自己只是在养老院里住一周。

除非你自己到养老院住过一段时间，否则很难想象住在养老院是什么样子。每个人房间的房门都一直开着，什么事情都是别人替你做，日程是别人给你安排好的，你无法选择什么时候吃饭以及吃什么，无法选择什么时候洗澡，无法选择去哪里或者不去哪里。刚开始与养老院的老年病人合作时，看到的景象让我感到十分悲伤：他们坐在那里无所事事，在生活的任何方面几乎都没有选择权。我问养老院的工作人员，老年人个人房间的房门为什么一直开着，工作人员回答说，关上门的话容易引起火灾。我又问工作人员，最后一次火灾发生在什么时候，工作人员回答说："从来没有发生过火灾。"

我们选择的静修居所里面的房间能为被试提供私人空间，并且要求被试承担看护责任。他们在里面的生活就像在 20 年前一样，不仅可以选择什么时候吃饭以及吃什么，而且还会被要求参加饭前的准备以及饭后的收拾工作。对他们而言，这一周将是与众不同的。尽管我们仔细地看着他们，但是我们只是负责保护他们的安全，他们基本上是独立自主的。

还记得吗，当初设计逆时针研究的时候，我想找一些能够确切地说明我们是否能够逆转或者延缓生理年龄的最佳测量指标，结果没有找到。我们给几位一流的老年医学专家打电话咨询，问他们："如果一个房间里有一个 70 岁的人，另外一个房间里有一个 50 岁的人，我们可以对这两个人进行任何测量。如果我们要仅凭测量结果判断哪个房间里是 70 岁的人、哪个房间里是 50 岁的人，那么您认为最可靠的测量指标是什么呢？"答案是只有时序年龄能够确切地揭示两者之间的差异。年龄需要重新加以解释。为什么我们会把疾病、衰弱和变老联系在一起呢？为什么我们认为，人一过五十，性欲、耐力、平衡能力和感官能力都会下降呢？这话是谁说的，为什么他们知道这是真的呢？现在，很多人相信，65 岁的人就老到不能从事公职了，老到不能收养小孩了，老到不能独自打网球了。很多人认为，80 岁的人就虚弱到无法自理了，记性差到不能做饭了（免得忘记关炉子），颤颤巍巍到不能骑自行车了，糊涂到不可信了（如果他们认为那些折磨他们的病痛在好转而不是在恶化）。

静修周刚开始时，通过偷听被试之间的谈话就可以明白，他们都接受这些看法，非常明白自己的"极限"。他们"知道"哪些食物自己容易消化，他们只吃那些食物，而且，因为他们认为自己的味蕾退化了，所以不愿冒险尝试其他食物。尽管可以自由活动，但是他们甚至不去考虑做做运动，那些从他们的病史上来看还可以做的运动除外。当约翰（John）的睡眠时间比以往稍微长一点儿的时候，当患有关节炎的保罗（Paul）被要求刷洗自己的盘子的时候，他们都觉得有压力。弗雷德（Fred）有点儿不同，他鼓励其他人做那些他们以前没有做过的事情，有几个人去做了。让他们吃惊的是，一切都做得有条不紊。他们不再认为自己"不能"做某事，而是"积极地参与各种活动"。他们那些有关可能性的观念，或者更准确地说，有关不可能的观念，是从哪里来的呢？

减肥，否则你会后悔

每天，我们都会了解到，头天还被认为是真的某些事情，今大却被发现是假的。例如，以前，人们认为黄油较好，人造黄油是唯一的出路，现在，人们知道，黄油并不好，最好的是橄榄油。只要想跟上医学研究的最新发现，我们就会觉得有压力，这种压力足以危害我们的健康。这就像伍迪·艾伦（Woody Allen）的电影《傻瓜大闹科学城》（*Sleeper*）中的一幕，主角沉睡了很长一段时间，醒来之后发现，一切坏事情又变好了。

"减肥，否则你会后悔！"这条保健建议该为我们文化里无处不在的疯狂的节食现象承担部分责任，这也是某些人服用危险的药物减肥的原因。曾经有很长一段时间，人们认为肥胖是心力衰竭，是缺乏意志力的结果。随着时间的推移，研究者开始考察肥胖基因，发现也许还有更多的因素在起作用——有50多种基因决定我们吃多少、我们多爱运动以及我们的身体消耗多少卡路里。这样，肥胖问题变得更加复杂了。一项研究表明，连饮食情况非常相似的双胞胎，也可能拥有大不相同的体重。对他们而言，至少，体重似乎并非仅仅由吃多少以及继承了什么基因所决定。

如果既不是缺乏意志力也不是基因让我们变成胖子，那么也许还有别的东西在起作用？在一项有关病毒对肥胖影响的研究中，理查德·阿特金森（Richard Atkinson）和尼基尔·杜兰达尔（Nikhil Dhurandhar）发现，

30%的胖子被试具有一种常见腺病毒（这种腺病毒能引起一些小病，我们大多数人几乎注意不到这些小病）的抗体，而只有11%的瘦子（相对而言的瘦子）被试具有这种抗体。总的来说，那些病毒检验呈阳性的被试的体重明显超过那些病毒检验呈阴性的被试。进一步的研究表明，并不是胖子更易感染，也不是他们的基因在起作用。也许肥胖本身就是一种疾病？不要那么快下结论，因为其他研究者说，现在还没有这方面的证据。

那么，肥胖到底是怎么一回事呢？是我们情不自禁地在餐桌上逗留太久，还是我们的胃口天生就很好？是我们感染了病毒，还是有其他东西在起作用？结果，我们为什么肥胖这个问题变得并不像我们大多数人想象得那样简单，科学家也不能给出一个完全确切的答案。很可能是，体重由很多因素决定，而对不同的人来说，起作用的因素也有所不同。

这种漫不经心地消费健康信息的做法，我们在第一章就已经触及了。尽管我们容易盲目地遵从医学建议，但是，当医疗界给出的建议一会儿是这样、一会儿是那样的时候，我们就变得无所适从了。这不是科学的错，从很多方面来说，医学建议赖以为基的数据是不完整的。我们的身体是一个错综复杂的系统，由很多生化过程组成，这些生化过程相互作用的方式受到我们每个人独一无二的基因以及过去和现在所处环境的影响。基因因素有很多，环境因素也有很多，把所有的因素都同时纳入医学实验加以考察是不现实的（同时考虑两三个因素就已经很复杂了），也没有哪个研究者愿意去尝试。这样做的话，他们只会面临一项不可能的任务：解读极其复杂的结果，并从中寻找因果关系。

如果想成为自身健康的好管家，那么我们需要确保自己知道与之有关的必要事实。医学给我们提供了很多，但是医学并不完美。只有认识到科学到底是怎样建构事实的，我们才能学会掌控自己的健康。我们不可能知道有关自身健康的一切，但是，通过认识医学知识是怎样发展和应用的，我们可以专念地理解自己的健康。尽管我们容易盲目地遵从医学建议，但是在仔细考虑这些建议赖以为基的数据都是不完整的之后，我们就不大可能那样做了。

评价我们健康状况的工具都是由人创造的，因此是不完美的。用于评价它们的科学是概率学。也许这些诊断工具确实能够成功地预测一个群体，但是，我们当中很少有人属于这一群体。

我们能相信科研结果吗

从 1996 年到 2006 年，寻求心理治疗的人数增加了 150%，这给心理治疗师和临床医生带来了压力：前来求助的人身上所表现出来的问题不仅在数量上增长了，而且在种类上也增长了，他们难以理解这些问题并将之分类。在其著作《康复精神病学》(*Healing Psychiatry*) 中，哈佛大学精神病学专家戴维·布伦德尔 (David Brendel) 讨论了应用科学手段治疗精神疾病的一些问题以及"精神科学主义"(psychiatric scientism) 的迷思。他注意到，临床分类方法并不实用，病人的情况往往十分复杂，很难归入其中任何一类。问题在于，就像他的同事史蒂文·海曼 (Steven Hyman) 所描述的那样："我们没有像血压袖带或者脑扫描那样的能够用于诊断的工具。"确实，科学研究所得出的概率，被研究者、教科书作者、媒体、教师等人转化成易说易教的绝对事实。这使得我们以为自己知道了，而实际上我们并不清楚。几乎所有的科学都受到了这种对待，日益被简化了。

让我们如此轻易地依赖的诊断信息，大部分也面临着简化或者过于简化的问题：医疗界所使用的"客观"测量也是同样可疑的。例如，高血压困扰着大约 5000 万美国人，它可以引起很多问题，比如中风、动脉瘤、心力衰竭、心脏病发作以及肾脏损伤，但是却很容易被忽视。另外，西德尼·波特 (Sidney Port)、琳达·德默 (Linda Demer)、罗伯特·延里希 (Robert

Jennrich）、唐纳德·沃尔特（Donald Walter）以及艾伦·加芬克尔（Alan Garfinkel）在一项有趣的研究中指出，现在仍然有人在激烈地争论血压和死亡率到底是什么关系，甚至在争论降低血压是否有效。结果，在被当作高血压治疗的病人当中，30% 的人也许在接受着不当治疗。我们之所以忽略这些问题，是因为我们的血压值和高血压诊断标准看起来是如此客观：收缩压为 140~149，临界高血压；160~179，中度高血压；180 以上，重度高血压。在上面提到的疾病中，有几种疾病的早期症状几乎完全是用血压值来描述的。

一种疾病的概述也许能够告诉你，怎样识别这种疾病，患有这种疾病的人通常会表现出什么症状，这种疾病一般会怎样发展，对于大部分患有这种疾病的人（记录在案的）来说哪种疗法最有效，但是，这种基于一般情况的概述无法告诉你患有该疾病的任何人在任何一刻的具体情况。

生物学家杰弗里·戈登（Jeffrey Gordon）用一种有趣的方式解释了为什么我们每个人的反应都是独一无二的：以作为早餐的一杯切里奥斯（Cheerios）① 为例。切里奥斯的盒子上写有"一杯含有 110 卡路里"之类的信息，但是每个人从一杯切里奥斯里面摄取的热量不一定正好是 110 卡路里，有的人摄取的多一点儿，有的人摄取的少一点儿，到底摄取多少，取决于每个人肠道里面微生物的组合情况。他解释说："一定量的食物含有的热量是一定的，但是每个人能从中摄取的热量值是不一样的，尽管区别并不大，但是，如果一天几卡路里的差别就能影响到热量平衡的话，那么长期下来就能在体重方面造成很大的差别。"

虽然我们相信科学，但是，人的心理系统和生理系统太复杂了，因此我们不能认为医疗界是绝对不会出错的。我们不得不关注的是观测和疾病

---

① 切里奥斯，美国的一种早餐谷物食品品牌。——译者注

之间的相关性，而相关性是非常不完美的。再次强调一下，科学研究得到的是概率，这些概率被研究者、教科书作者、媒体、教师等人转化成具有说服力、容易传达的绝对事实。作为学习者，我们接受的是在某些情况下可能成立的事实，但是应用时却把它当成了在任何情况下都成立的事实。如果相反，他们在传授这些事实时就告诉我们，它们在某些情况下可能成立，而不是在任何情况下都成立，那么，我们也许就不大可能漫不经心地对待它们了，而且，我们也会觉得质疑和推敲它们（当然是在这样做对我们最有利的时候）是一件比较容易的事情。

对于一大群病人来说，医生的诊断工具具有很高的预测成功率，但是，再次强调一下，我们不可能都属于这一预测群体。因为调查研究揭示的不是绝对事实，所以它涉及的任何一个变量若发生一点细微的变化，都可能导致调查研究的结果发生很大的变化。例如，如果想检验一种药物对肌肉力量的影响，那么我们必须决定选谁做被试、怎样向被试交代这项研究、使用多大的剂量、在什么时间以及什么情况下让被试用药，最后，我们还得决定肌肉力量产生多大的变化才是可接受的。在每一次的科学研究中，我们都要做无数个诸如此类的决定，它们是形成医学知识的"隐性决策"。

再次提一下，医生也许能识别一种疾病，描述这种疾病有哪些症状、病情一般会怎样发展、对于大部分患有这种疾病的人（记录在案的）来说哪种疗法最有效，但是，医生不能预测特定的个体在任何给定的时间点或者在一段时间内，某个特定的身体部位所体验到的感觉的性质、位置、强度和持续时间。医生也不能告诉你特定的个体对这些感觉的感受以及对它的关注程度。医生同样也不能描述特定的个体在想些什么、是如何应对的（包括对自己的状况、身体以及病情预断的态度）。医生也不能告诉你特定的个体在特定的时间会做出什么选择、表现出什么样的行为。简而言之，平均值，最多只能告诉你人们倾向于报告有什么样的体验、检测倾向于得到什么样的结果，但是不能告诉你特定个体的具体情况。

对于有效的、道德的、有意义的医疗护理来说，诊断、预断、研究方法和统计数据都是必需的，但是，因为医学问题具有内在的变化性并进而具有内在的不确定性，所以，医学就像所有其他研究领域一样，不该被看成一个答案集，而应该被看作一种提问方式。

发现问题去问，这件事做起来并不容易，因为事实一直在变化。锻炼当然对我们有好处，但是，菲奥娜·奇奥尼（Fiona Chionh）——一位内科肿瘤专科医生，刚刚做过一项研究，结果发现，经常锻炼的女性更可能患卵巢癌。

锻炼有好处，然而，也可能有坏处。事实会变化，信息不会保持静止。这不是医学的错，而是科学的一种普遍现象。以身体的复杂性为例说明一下，因为存在多种基因因素和环境因素，所以身体的任何一个部位都可能影响到身体的另外一个部位。你对某种东西——比如开心果、昆虫、清洁剂或者某些花，等等——严重过敏，那么你的整个身体都可能受到影响。鞋子或者双肩背包稍微有些不对称，或者伸手去够掉在沙发背后的笔，那么你的整个身体也可能因此受到影响。每天都有很多琐碎事让我们接触那些可能引起问题的东西，对我们当中的某些人而言，比方说，那些先天就非常容易受伤的人，这些东西可能是致命的。任何一个实验都无法把所有这些因素都考虑进去。

不要轻言放弃

尽管不是每个人都对统计学概念感兴趣，但是，如果谈到健康的话，我们需要花点时间来理解和领会两个重要的统计学概念——相关（correlation）和回归（regression）。任何一本统计书都包含下面这句话：相关不是因果。相关的概念很简单：如果两个事物具有相随变动的关系，那么这两个事物就相关；一个事物在量上增长，另外一个事物也跟着在量上增长，则说明这两个事物正相关；一个事物在量上增长，另外一个事物反而在量上减少，则说明这两个事物负相关。然而，两个事物相关，并不是说其中一个事物一定能引起另外一个事物。尿频和糖尿病相关，但是，一天上很多次厕所则不会引起糖尿病（也说明不了你已经有了糖尿病）。相关很少是完美的。如果相关具有统计显著性，那么，在大部分情况下，两个事物是相随变动的，一个事物可以预测另外一个事物。这也就意味着，有时候两个事物不是相随变动的，一个事物不能预测另外一个事物。

不领会相关和因果之间的区别，极可能对我们造成严重的影响。如果我们的身上长了一个肿瘤，而且如果肿瘤和早亡相关，那么不能说我们身上的肿瘤会让我们早亡。要想得出这个结论，我们必须做实验，证明两者之间存在因果关系。因为起作用的变量很多，所以进行一项纯粹的因果研究是相当困难的。我们的期待也会对自己的健康造成很大的影响。如果期待肿瘤一定会让我们早亡，那么我们也许会放弃希望，这样的话，也许是放弃希望导致了我们死亡，而不是肿瘤。

最近有研究表明，青少年时期之前就肥胖的女孩，在长大成人后更可能变成胖子，患心脏病的风险也更大。这一发现也许会让一些女孩吃得更健康、锻炼得更多。到目前为止，一切都还不错。然而，也许有些女孩知道这一点，但是减肥不成功，即使她们已经努力了。当减肥不成功的时候，在这一发现面前，她们也许就放弃了、屈从于命运了。她们也许会因为恐惧和沮丧而吃得更多。这样的话，这一发现可能会间接地导致一些不健康的行为。医疗界只是在很久之后才承认这些影响。

心理学家已经做过很多富有洞察力的研究，他们把动物置于无助的境地，看看会对其造成什么影响。例如，马丁·塞利格曼（Martin Seligman）和其他人做了很多有关习得性无助的研究，发现很多动物放弃希望之后确实会早死。塞利格曼及其同事用狗做实验，把狗分成三组，并用鞍具拴住了这三组狗。控制组的狗只是被拴住了一段时间，然后就被解开了。另外两组狗被成对地拴在一起。在第一组中，每对狗都被故意施以电击，但是，只要其中一只狗按一下前面的杠杆，电击就会停止。在第二组中，每对狗也被故意施以同样的电击，但是它们前面的杠杆是没有用的，不管它们怎么按，电击也不会停止。第一组狗，也就是能够阻止电击的狗，迅速地从电击经历中恢复过来了；第二组狗，也就是习得性无助的狗，则表现出了类似于慢性临床抑郁的症状。

接下来，他们对所有三组狗进行了"穿梭箱"实验。在"穿梭箱"中，狗被施以电击，但是，它只要跳到较低的一个地方，就能躲避电击。最后一组狗，也就是那些"习得性无助"、无法控制自己命运的狗，大部分只是被动地躺在那里呜咽，甚至都不去试着躲避电击。

也有人用老鼠做过类似的习得性无助实验。研究者将老鼠分为两组，一个实验组，一个控制组。实验组的老鼠先被紧紧地抓住，直到其放弃挣扎、不再逃跑。控制组的老鼠则无此经历。接下来，把两组老鼠都放入冰水中。结果，控制组的老鼠奋力支撑了数小时之久，而实验组的老鼠很快就死了。尸检报告表明，实验组老鼠的副交感神经系统已经死亡，也就是说，它们死得很平静——它们只是屈服于命运。

心态也能对人类造成类似的影响。1946 年，哈佛大学的一群男性完成了一份调查问卷；25 年后，塞利格曼、克里斯托弗·彼得森（Christopher Peterson）和乔治·瓦利恩特（George Vaillant）重新分析了这群男性的调查问卷结果。根据每位男性的答题情况，研究者将他们分成两组，一组是对生活事件普遍持有积极态度的人；另外一组则是对生活事件普遍持有消极态度的人。研究者还追踪调查了这群男性的身体状况，结果发现，尽管两组男性在 45 岁以前的健康程度大抵相同，但是在 45~60 岁，消极组男性的身体状况明显差于积极组男性。

另外一项有趣的研究考察了中国文化中的命运信念。在分析了一群成年华裔美国人的死亡记录之后，研究者发现，患有某种疾病而且其出生年份按照中国皇历和中医来说是不吉祥的华裔美国人更可能去世。例如，1937年是火年，与火年有关的身体器官是心脏，与其他在非火年出生的华裔美国人相比，出生于1937年的华裔美国人更可能死于心脏病。这是因果关系吗？我们不知道。我们有的不过是一种有趣的、提示性的相关关系。

心态也能带来积极影响。心理学家谢尔登·科恩（Sheldon Cohen）及其同事在这个领域做过一些非常有意思的工作。他们让被试完成评价其情绪风格的问卷，然后在被试的允许下将其隔离起来，使其接触能够引起感冒或流感的病毒。他们发现，快乐的人更不可能患上感冒或者流感。说到心态，我要指出一点，这点可能是老年人优于年轻人的地方。心理学家劳拉·卡斯滕森（Laura Carstensen）发现，老年人更不可能消极地看问题。这一点应该能让老年人更快乐，并且能给他们的健康带来积极的影响。

心理学家迈克尔·施莱尔（Michael Scheier）和查尔斯·卡弗（Charles Carver）发现，乐观主义和冠状动脉搭桥手术的恢复情况存在相关性。另外一些人研究了心态是怎样影响身体的恢复情况的，结果发现，持有乐观信念的人之所以恢复得更快不是因为他们否认自己生病了，他们实际上更关注自己的恢复情况，这种关注本身有助于身体的恢复，也有助于及早发现并发症。这种乐观主义和专念高度相关（也许还是因果相关）。众所周知，病重的人通常会坚持到某件重要的事情发生之后才会放弃生命。与此类似，如果一对老年夫妇中的一位去世了，活下来的那位很快也会跟着去世。

放弃的后果相当严重。当我们了解到一种相关关系——比如，得了癌症的人必死无疑——并且漫不经心地把它当作一件必定为真的事实，那么一纸癌症诊断书就会无声无息地让我们把自己看作自我实现预言（self- fulfilling prophecy）[1] 的受害者。可恶的是，任何心理因素导致的死亡只会进一步肯定"癌症确实是杀手"这一预测，让癌症和死亡之间的相关性看起来越来越真实和有效。

华盛顿是怎么死的

如果想成为专念的健康学习者，我们需要理解的第二个统计学概念就是回归。回归指的是行为、感受和事件在其平均数周围变动的现象。如果在网球比赛中，我的一次发球局打得非常漂亮（这一事件对我来说非常值得注意，因为它是如此不同寻常），那么下一次的发球局也许就没有那么漂亮，而是接近我的平均成绩。如果我的一次发球局打得非常糟糕，那么同样的现象也会发生：下一次的发球局也许就没有那么糟糕。统计学家把这个效应叫做"向均数回归"（regression to the mean）。

因为存在向均数回归，所以我们倾向于认为，相对于表扬而言，惩罚是一种更有效的反应方式。我们很容易注意到极端情况。如果某次发球局我打得非常棒，你表扬了我，那么下一次我也许会向均数回归，打得没有那么棒，于是，我可能会认为是表扬让我退步了。如果某次发球局我打得非常糟，你嘲笑了我，那么下一次我也许会向均数回归，打得没有那么糟，于是，我可能会认为是批评——换句话说，是"我要证明给你看"——让我进步了。当然，让这一切变得复杂的是，有时，我们确实会吸取教训。那么，现在的问题变成了，下一次的发球局打得没有那么糟，是因为我吸取了什么教训还是因为向均数回归？我们不知道。

---

[1] 自我实现预言，指的是个人一旦有一种将要发生什么事情的信念，就会在某种程度上使可能的事情变成现实。——译者注

具有讽刺意味的是，向均数回归这一自然过程经常会让我们尝试的任何疗法看起来都是管用的。弗朗西斯·培根认为，瘊子可以通过用猪皮擦拭治愈，因为他有过成功的经验；乔治·华盛顿认为，将一对 7.6 厘米长的金属棒在他的身体上过一遍，就能治愈他的各种身体疾病；实际上，殖民时代的整个医疗界都认为，水蛭放血疗法可以让人恢复健康（不幸的是，乔治·华盛顿就是死于这种疗法。一次，他得了咽喉炎，医生用水蛭帮他放了 9 品脱的血，结果，他死了）。我们很容易说，培根、华盛顿以及其医生的做法是不科学的，但是，我们自己却一直在使用同样的推理方式。再次强调一遍，我们很容易注意到极端情况。几天以前，我觉得身体有点痛，而现在，我真的觉得比平常痛多了，所以我最好吃点药。第二天，我觉得好了些，因此我认为这一定是灵丹妙药。

　　一开始，症状较轻，我们一般不当回事；后来，症状变得严重了，我们才会当回事并且采取行动，或吃药或打针；接下来，我们可能会好转。那么，我们好转是因为向均数回归，还是因为打针吃药起了作用呢？有时，确实是打针吃药起了作用；有时，我们只是错误地把效果归功于打针吃药。事实上，两种情况都可能存在，而我们很难知道好转的真正原因。

切勿被医学检验误导

　　尽管，一个专念的学习者应该关注身体传递给自己的信息，但是，能否区分哪些信息是值得关注的、哪些信息是应该忽略的，可能是专念和疑病之间最本质的区别。感觉发展到什么程度才算症状呢？当然，识别症状所花的时间越长，问题就越大。然而，如果一有异样的感觉就去看医生的话，那么我们就没有时间生活了。有了什么感觉，我们才能考虑身体出现了症状？谁来做最终的决定？身体痛了多长时间、痛到什么程度之后，痛才算一个问题？我们需要更加认真地考虑症状，既要考虑我们自己对症状的看法，又要考虑医疗界对它的看法。事实上，症状并不是疾病的理想线索，两者之间的相关性并不理想。

通常，我们会把两种非常不同的症状混为一谈，尽管区分对待它们也许会更好。一种是直接症状，是不证自明的，比如疼、痛、发烧等，我们自己就可以觉察出来；另外一种是间接症状，比如高血压、心律不齐、胆固醇水平、血糖水平等，要靠医学手段来检测。前面那种是显而易见的，需要我们加以注意，症状本身就可以看作一种问题，而不是其他问题的指标。后面那种是医疗界给我们提供的，是用于监控我们的健康状况的，也是向我们提醒一些迫切问题的指标。我们先从后面那种讲起。

很多间接症状并不是揭示疾病的理想线索。例如，让我们看看胆固醇水平以及它与心脏病之间的相关性。研究发现，高胆固醇水平之类的症状和心脏病相关，但并不是每个胆固醇水平较高的人都有心脏病。尽管高胆固醇水平和心脏病之间的相关性对处在与研究被试类似情况下的很多人来说是有意义的，但是，对我们当中的任何一个个人来说，也许是有意义的，也许是没有意义的。

假设我的胆固醇水平非常高，这意味着如果不降低胆固醇水平的话，那么我很可能会心脏病发作或者中风。这一信息本身就给人造成了很大的压力——也就是说，本身就不利于我的健康——但是，如果我按照要求降低了胆固醇水平，就可以忽略其他一切（当然，忽略其他一切会让我更容易患上与胆固醇水平没有直接关系的疾病）。假设我吃了药，降低了胆固醇水平，那么有关胆固醇水平的压力就消失了。现在，我不用再担心心脏病发作了。

这就像安装了一个火灾报警系统一样。我安装了报警系统，所以不用担心火灾。有了报警系统，就可以忽略问题本身，因为报警系统会为我做这些工作。如果对一些细微的线索漫不经心的话，当报警系统失效的时候，我也许会不知不觉地被大火围困。对外部"装置"的这种依赖，可能会让我变得对环境——内部的和外部的——不那么敏感，以至于我可能注意不到烟味，而在安装报警系统以前，我本来是可以注意到的。当开始吃降低胆固醇水平的药的时候，我可不想变得对自己的身体迟钝到忽略或者不理会心脏病发作的前期征兆的地步。

当考虑那些胆固醇水平较低的人的时候，我们也许会发现有关胆固醇水平和心脏病关系的相关研究是有问题的。既然低胆固醇水平和心脏问题没有联系，那么，胆固醇水平较低的人也许就会认为他们不必在意心脏病的发作。既然胆固醇水平和心脏病发作之间的相关性并不理想，那么，有些胆固醇水平较低的人可能也会心脏病发作——在毫无准备的情况下发作。这并不意味着我们不该测量胆固醇水平、血压等指标，而是意味着我们不应该漫不经心地依赖它们。让它们引导而非控制我们的思考，将对我们更有利。需要申明一下，我并不是反对医学检验，我是反对漫不经心地依赖它们，而且反对它们可能导致的那种漫不经心的状态。

我们还需要认识到，医生向我们传达信息的方式也可能对我们的选择造成很大的影响。《计算风险》（*Calculated Risks*）一书中有一段关于乳腺癌筛查的精彩讨论。作者格尔德·吉仁泽（Gerd Gigerenzer）描述了介绍乳腺 X 光摄影检查效果的四种方式。第一种方式是介绍风险相对降低率，也就是说，医生告诉病人，乳腺 X 光摄影检查会将死于乳腺癌的风险降低 25%。这并不意味着 100 个人中有 25 个人获救。作者解释说，在1000 个做过乳腺 X 光摄影检查的女性中，有 3 个人死亡；在 1000 个没有做过乳腺 X 光摄影检查的女性中，有 4 个人死亡，而把 4 降到 3，就是降低了 25%。实际上，因为做乳腺 X 光摄影检查而获救的人数很少。

第二种方式是介绍风险绝对降低率，也就是说，医生告诉病人，在1000 个做过乳腺 X 光摄影检查的女性中，会少 1 个人死亡。第三种方式是说，为了挽救1个人，得让多少人做检查，在这里是1000个女性。第四种方式是，医生可以告诉病人，做乳腺X光摄影检查会让寿命延长多久。令人吃惊的是，对50~69岁的女性来说，做乳腺X光摄影检查只能让她们的寿命平均延长12天。受第一种具有误导性的介绍方式的影响，我们可能会做乳腺X光摄影检查；受最后一种介绍方式的影响，我们可能不会做检查。信息传达方式是很重要的，但是医生常常意识不到信息传达方式所造成的影响。有人也许会说，做乳腺X光摄影检查不会给人造成伤害，所以，也许所有的医生都该采用第一种介绍方式。然而，我们可能会因此面对另外的代价——虚报，也就是把没有得乳腺癌的人诊断为乳腺癌患者。这种误诊带给被误诊的人的心理伤害非常严重！

人老了，记忆一定会衰退吗

每天，医疗界都必须基于不完全的信息做出决策，而且还要在形成知识（他们所使用并且传递给我们的知识）的过程中做出很多隐性决策。医生的工作一点儿也不简单，比表面看起来的要复杂得多。

比方说，我们要做一次活体组织检查，以确定自己是否得了癌症。我们大多数人都期待检查程序是明确的，而不是模糊不清的。我们到了医院，让医生取出活体样本去检验。我们期待医生很容易就能确定下来：我们要么得了癌症，要么没得癌症。但是，癌细胞上面没有贴标签，医生必须检查每个细胞以确定它是否是癌细胞。区分一个细胞是癌变的还是健康的，有多容易呢？病理学家和主治医师必须慎重考虑所有的重要问题。

- 我需要多大的样本，才能做出精确的诊断？
- 多少百分比的细胞发生癌变了，才能说病人得了癌症？
- 什么时候在什么条件下由谁提取样本？

- 如果检查出了癌症，我应该建议病人接受什么疗法呢？这一疗法应该基于什么规范、由谁来设计？
- 谁来决定最好的疗法是什么，如果由另外一个人决定的话，会有什么不同吗？
- 我应该向病人透露多少情况呢？
- 我该表现得多积极／多消极？
- 我对自己的判断有多大的信心？

医生们每天都要做很多隐性决策，这里只列出了其中几个——我们甚至还没走完医疗程序的第一步。困难一直要持续到最后一个问题被解决掉为止。

没有两种癌症是一样的，所以，重要的是，考虑一下癌症诊断意味着什么。一种常用的癌症诊断方法是显微细胞分析法，也叫细胞学确诊法。这种分析使用血液标本或者骨髓标本，采用吸取法或者刮取法分离细胞。采用这种分析方法，医疗界必须做出一个决定：多少细胞变异了，才能确定一个人得了癌症？为了寻找恶性肿瘤，一位化验师每天要检查数以百万计的细胞。不管把哪个数据作为是否患有癌症的分界点，总会有人恰好落在这个数据之上。

分界点是什么并不重要。总会有人恰好处于分界点之下，有人恰好处于分界点之上。一群人根据自己对什么是对、什么是错的理解，在不确定的条件下作出决策，决策结果对那些恰好处于分界点之上的人来说是灾难性的，就像那些恰好处于分界点之下的人也许会变得过于乐观一样。尽管两组人的情况也许非常接近，但是，第一组人可能会面临非常残酷和令人不安的治疗过程，第二组人就不用。第一组人的生活可能会完全变样，第二组人还能照常生活，其区别就是由某人的一个决策造成的。这类决策不仅影响我们的健康，而且还会影响我们的情绪、社交生活和职业生涯。例如，IQ 测验——用来把人按能力分类，也存在上述问题。通常情况下，IQ 测验的分数在 80 分以下被看作智力低下。尽管 80 分和 79 分从统计意义上来说没有什么不同，但是，79 分的人一旦被别人漫不经心地贴上"智力低下"的标签，其人生就会受到持久的负面影响。

医生会尽可能基于科学的理由作出这些决策，而且他们的理由往往确实非常科学，但是，医学研究涉及很多隐性决策。一项研究只能让那么多人参加，那些无法参加研究的人被排除在考虑之外，就像那些自行康复的人一样。

当研究者说"研究被试是从一般人群中随机抽取"的时候，这句话到底是什么意思呢？如果研究被试不是从一般人群中随机抽取的，会有什么不同吗？哈里（Harry）是一个千万富翁，而简还在为养活 4 个孩子四处奔波；阿尼（Arnie）几天没出门，因为害怕和人打交道；琳达（Linda）连电话都不接，因为总是忙着干活。极其富有的、极其贫穷的、极其害羞的、极其忙碌的人都不大可能被纳入研究做被试，这限制了我们对"一般"人群的了解。如果我们的健康状况是符合常规的，那么，我们需要问一问所参照的常规是什么样子的。常规总是比看起来的要模糊。例如，我们有一个关于睡眠需要多少时间的常规，但是在 2006 年，有超过 25 亿美元的经费被用在安眠药的生产上，这不禁让我提出了两个问题：关于睡眠需要多少时间的常规是否并不准确？需要 XX 小时的睡眠，是针对 YY 人而言的（而不是接受我们很多人的睡眠都被剥夺了这一看法）？

如果一项研究的样本并不是稳健的、真正随机的样本，那么研究结果就不那么可信。最近有一项研究，调查了 7 万多名妇女（一个非常稳健的样本），结果表明，服用同时含有雌性激素和雄性激素药丸的老年妇女，患乳腺癌的风险增加了一倍多。研究所调查的 7 万多名妇女恰好都是护士，这虽然保证了样本的稳健性，但却破坏了样本的随机性——也许并不是对一般人群而言，而是具体对护士而言，患乳腺癌的风险增加了。同一般女性人群相比，那些选择当护士的女性之间的同质性是否更强？如果是这样的话，那么这种同质性是否是一个重要的风险因素？我们也搞不清楚，为什么科学研究几乎永远只能挖掘"更好的真相"（better truths），而不是"真正的真相"（the truth）。我们总是可以质疑一个样本是否是真正的随机样本，真正随机到对侏儒和教授来说具有同等的代表性。

为了构建出一个与健康有关的概念，我们要经历一系列决策，选择被试只是一个开始。医疗过程的每个阶段，从诊断到治疗，有些东西一定考虑不到，从而为失误留下了空间。除疾病以外，对于其他所有与健康和幸福有关的概念来说，同样的问题都要问上一遍：谁做决定？基于什么标准？如果由另外一个人做决定，会有什么不同？

我和贝卡·利维做过一项研究，探索消极、老化、刻板印象是否助长了与变老有关的生理衰退。在该研究中，生理衰退具体是指记忆力衰退。我们想拿总体上对变老有消极刻板印象的人的态度与总体上对变老没有消极刻板印象的人的态度做比较。美国主流文化对变老持有消极看法，所以，我们面向美国主流文化人群（听力正常的美国人）招募被试，让他们代表总体上对变老有消极刻板印象的人。为了找到代表总体上对变老没有消极刻板印象的人，我们面向两个亚文化人群招募被试：一个是中国人（中国人非常敬重老年人）；另一个是失聪的美国人（总体而言，和听力正常的美国人不一样，失聪的美国人对变老没有什么消极看法）。而且，我们分别从三个群体里既招募老年人，又招募年轻人做被试。我们让每组人回答一份问卷，问卷的题目是"当你想到某个老年人，你头脑里面最先冒出的五个词语是什么？"结果和预期的一样：同听力正常的美国人相比，中国人和失聪的美国人较少提到记忆力衰退。我们的研究问题是：既然中国人和失聪的美国人没有那种"人老了，记忆力就会逐渐衰退"的消极刻板印象，那么同美国主流文化中的老年人相比，中国老年人和失聪的美国老年人的记忆力是否会更好？或者，用另外一种方式表述就是，我们假设，"人老了，记忆力就会逐渐衰退"这一消极刻板印象会对老年人的记忆力造成负面影响。

因为中国老年人和失聪的美国老年人这两个人群几乎没有什么共同点（除了都是老年人以外），所以我们推理：如果他们在记忆力测验中有着类似的反应，那我们的观点将更有分量。我们的假设是，如果消极、老化、刻板印象助长了老年人的记忆力衰退，那么，中国老年人和失聪的美国老年人的记忆力，肯定比听力正常的美国老年人的记忆力要好——因为同听力正常的美国人相比，中国人和失聪的美国人对变老的看法更积极。我们比较了各组人群的记忆力测验结果，发现各组年轻人的成绩差不多一样好，而中国老年人和失聪的美国老年人的成绩则比听力正常的美国老年人的成绩好。如果记忆力衰退主要是生理因素决定的，那么，各组老年被试的记忆力测验成绩应该是一样的。

这一结果似乎意味着，随着年龄的变老，我们在健康方面出现的变化不一定是衰退。有关记忆力衰退的研究普遍证实了这一结论。尽管有些研究者认为，这样的衰退是无法避免的，很多研究也一致证明了这一点，但是，另外一些研究者则认为，记忆力衰退的某些方面也许是由环境因素——比如期待和社会情境——造成的。无可否认的是，我们的这一研究也有局限性，例如，我们没有考虑世界上所有的亚文化，只是根据我们的理解选择了基本上没有这方面偏见的两个亚文化群体。

医生能帮我们多少

不管身患什么疾病，引发我们症状的环境因素以及我们的症状本身每天都在发生变化，甚至每小时都在发生变化。我们面临的问题是：决定哪些症状是"真正的"症状，哪些是社会建构出的症状？我们应该放手让别人决定，不管后果如何吗？

我们不妨以一种直接症状"慢性疼痛"为例说明一下。某个部位多长时间疼痛一次，这种疼痛才能被看作慢性的？每天疼痛一次，一次持续十分钟？一次持续一个小时？每隔一天疼痛一次？痛到什么强度？由谁决定？他们是怎样做出这个决定的？这一决定并非微不足道。一旦我们的疼痛被贴上"慢性的"标签，我们就会期待它发生，并且容易忽略不痛的时刻。然而，正是通过关注这些不痛的时刻，我们才能找到掌控疼痛的方法。

我们体验到的症状有直接的、有间接的，如果症状足够强烈，医疗界就会试着给它们贴一个标签。给症状贴标签的好处显而易见，毕竟，这样做有助于我们创造一种共同体验。如果我的肚子痛，去看医生，被诊断为肠胃炎，这样就有几个结果：第一，我的感觉得到了验证：这种痛是真实的（real），不是心身性的（psychosomatic）；第二，跟别人说起我的病来也要容易得多；第三，有了一个名字，我就知道有这种体验的并非只有我一人，知道其他人也有类似的状况，我就知道一定有解决的办法，即使不能立即找到，也能很快找到；第四，医疗界也能从中受益：不同的研究小组研究起同一问题来要容易得多，并且可以更快地找到治疗方法。

给症状贴标签的坏处则没有那么明显，其中一个最大的坏处就是让我们放弃了掌控权。这表现在以下几个方面：症状被贴上标签后，我们很容易变得过于依赖专家和医疗技术；症状被贴上标签后，我们很容易把自己的身体分成各自独立的几个部位来看待，因此可能忽略来自其他部位的健康信号；症状被贴上标签后，我们很容易把实际上一直在变化的东西看成稳定的——一旦我们作为个体或者某种文化的一分子知道了某个事物是什么样的，那我们就不大可能从一种新的角度来看待这个事物。

标签可以让我们区分什么是适宜的、什么是不适宜的。比如，医疗界为我们的症状给出了两类标签：“真实的”和“心身性的”。一旦接受了这种区分，就促进了我们对专家意见的依赖，即使对我们而言，这两类症状给人的感觉是一样的。这种区分，尽管可能在某些方面对某些人有用，但是它仍然具有潜在的危害。从某种意义上看，所有的疾病都是心身性的，所有的疼痛都具有心理性。

某种症状被诊断为“心身性的”，实际上意味着医疗界认为医学帮不了我们，而并非意味着我们的疼痛不是真实的。但是，如果疼痛一直持续，我们往往就会不断地看医生，企图证明这种疼痛是真实的，而一旦这样做，我们就放弃了掌控权。实际上，如果注意到疼痛有时候减轻甚至消失了，我们也许就会想办法在严重的时候控制它或者干脆让它自行消失。

很多现在有了“体面的”名字的疾病一度被认为是心身性的，而患有这种疾病的人经常被看作疑病症患者。在我们对关节炎有所了解之前，如果一个人经常抱怨手指痛、脖子痛、膝盖痛，我们也许会认为这个人得了疑病症。那么，关于疑病症患者，需要指出的第一点就是，将来，他们的症状也许会有一个新名字，这样他们就能摆脱疑病症这个贬义的标签。第二点，可能有些线索潜藏在他们的症状里面，认真对待这些线索的话，也许能从中发现一些系统性的信息。例如，如果我们持续关注人们所抱怨的那些事情，发现某些症状总是同时出现，那么，我们也许就能发现一种新的疾病，或者用一种新的方式看待一种已经存在的疾病。这样，今天被看作“心身性的”疾病，明天也许会被会贴上“真实的”的标签。

对疾病的反应会受到心理的影响，在生病的过程中，我们的心理在发挥作用，没有人会对这一事实提出异议，即使有的话也非常少。唯一的问题是，这种影响有多大？作用有多大？答案是，我们不可能真的知道。假设影响很大、作用很大，那我们对自己身体的控制力就能成倍地增长。

如果我们把所有的疾病都看成"心身性的"，又会有什么不同？如果事实确实如此，不尝试进行治疗看起来就是不合理的，甚至是不负责的。我们一直错误地认为身体和心灵是相互独立的。我们当中有很多人都会承认对自己的身体了解不多，然而，我们当中很少有人认为无法控制自己的心灵。

　　不管给疾病贴标签是否重要，我们都需要问一个问题：谁贴的标签？比如，勃起功能障碍，谁负责决定这是不是一种需要加以治疗的疾病，并进而决定保险公司是否应该为之埋单呢？如果保险公司的决策者都是女人，而不是一群年纪与之相当但色迷迷的男人，那我们也许会得到一种截然不同的结果。女人也许更有可能建议保险公司将口服避孕药纳入医保支付范围。无论什么决策，决策者都有自己的动机和价值观，他们的动机和价值观也许与我们的一致，也许不一致。从这个角度考虑疾病，我们也许更有动力主动承担一些护理自己的责任，而不是把所有事情都托付给医疗界。

　　只要有决策要做，就意味着存在不确定性；只要存在不确定性，就不得不决定需要考虑多少信息、什么信息是相干的、什么信息是不相干的。有些决策是关于把什么看作成本、把什么看作收益的，在这种决策中，决策者的价值观就会起作用。即使决策者的动机和价值观对决策没有丝毫影响，但决策参考的科学数据却是概率性的而非绝对性的——尽管科学数据必然如此——这就意味着存在更多的不确定性。如果我们不接纳这种不确定性，医生为我们做决策的时候就会隐藏它，按照传统做法对我们实施治疗，如此一来，我们就没有多少选择权了。

什么是健康的，什么是有病的

　　经过活体检验，如果得到的诊断结果是患有癌症，我们往往就会发生巨大的变化。我们当中有很多人会失去以前的身份，变成一个"癌症病人"，这一标签会给我们带来一个标签所能带来的各种各样的负面影响。但是，情况不一定非得如此。心理学家沙立·戈卢布（Sarit Golub）最近所做的研究表明，我们可以选择如何接受以及应用这些标签。她经过研究发现，有些人只是让自己多了一重"癌症病人"的身份，而另外一些人则让"癌症病人"这一身份接替了过去的所有身份。与后者相比，前者在大多数康复指标和心理健康指标上的得分都要好很多。

　　沙立的研究揭示了一个有趣的现象：病人对自己生活质量的评价与医生对其身体状况的评价并非总是一致的。她提出，生活质量最大的决定因子是病人如何看待自己的身份与自己的疾病之间的关系。觉得疾病毁了自己的人，会在生活质量量表上得到较低的分数，而把疾病带给自己的限制看作成长机会的人，会得到较高的分数。沙立以兰斯·阿姆斯特朗（Lance Armstrong）为例说明了高分者的典型形象是什么样的，后者曾经说过："患上癌症显然是我最棒的一次经历。"

　　如果跟踪调查那些检验结果恰好位于分界点之下的人和那些检验结果恰好位于分界点之上的人一段时间，并对两组人加以比较，我们会发现什么呢？我认为他们会越来越不一样。前面那组人的身体也许会变好，而后面那组人依然是癌症病人，尽管最初，他们之间的差异其实很小，并不具有统计显著性。如果再做一次检验，他们也许会得到不同的诊断结果。其实，所有这些不同皆源于他们对诊断的不同反应。

　　一种疾病的表现就是一组症状。那些具有这些症状，但是什么也不做而照样活得很好的人，不在分析的范围之内——他们从不去看医生，医疗界无法研究他们。这样，就不可能知道这些症状与随后的健康之间到底存在多紧密的关系。另外，把这些症状称作一种疾病的自我实现也是无法确定的。然而，没有实质差异的检验结果却能对生活造成完全迥异的影响。

让我们看一看自己，然后宣布自己要么是健康的，要么是有病的。尽管大多数人倾向于仅仅把人分成两类，但是，可能没有人会反对从健康到有病之间是一个连续体的看法。不仅患有同一疾病的不同的人病的程度有所不同，而且同一人在不同的时间病的程度也有所不同。我的胳膊和腿都很强壮，我的肺活量堪比奥林匹克运动员，但我的耳朵感染了，那么我是健康的还是有病的？我耳聪目明、肺功能很强，但我有多发性硬化症，那么我是健康的还是有病的？如果信念和健康没有关系，那么我们持有什么信念就无所谓了，但是有证据表明，对于健康而言，信念相当关键。

著名短篇小说作家安德鲁·杜伯斯（Andre Dubus）遭遇过一次严重的车祸，车祸过后，他的双腿瘫痪了。在《轮椅上的沉思》（*Meditations from a Movable Chair*）中，他生动地阐释了一个选择，这个选择我们也可以做。

> "撞你的是一辆银色XX。"她说了一个汽车品牌，但这个品牌我一点儿也不了解，撞我的车不是它。
>
> 我说："是本田。"
>
> "那么，是它让你瘫痪了？"
>
> "不是，我不过是腿没用了。我非常幸运，我背上有三块脊椎骨断了，但是我的脊椎没事，我的大脑也没事。"

如果我们放弃要么健康、要么有病（非此即彼）的观念，并且树立多重连续体的观念，那么我们的生活会怎样？例如，在某个时刻，我们也许在一个健康维度上得60分，在第二个维度上得30分，在第三个维度上得85分。这会给我们的生活体验带来什么变化？第一，我们仍然觉得充满力量，因为我们会认识到自己身体的大部分依然运作良好；第二，较小的问题（60% 的健康）解决起来比较大的问题（100% 的有病）容易；第三，我们可以拿自己和更多的人比较，因此更有可能为自己的健康问题找到解决办法。如果你有某种严重程度达到了 30% 的疾病，并且已经找到了解决办法，而如果我也有这种疾病，且严重程度达到了 60%，那么你的办法也许对我管用。现在，我们以为自己生活在一个"全或无"（all-or-none）的世界里，如果我们想象自己生活在一个多重连续体的世界里，很多事情就会好办得多。

当然，没有哪个医生——不管他或她与我们的关系有多好，不管他或她有多热心、同情心有多强——会算所有的账。一旦开始为自己算账，我们一定会遇到怎样以及何时才能把账算清的问题。当收集与自己有关的信息时，我们就会注意到自己在每个连续体上一直在发生变化。这应该是一项非常专念的活动，可以引导我们对变化投以更多的关注。总有一天，我们会把这项活动做得游刃有余。这个时候，我们就会注意到，随着时间的推移，身体在哪些方面保持稳定、在哪些方面出现了变化；我们还会注意到，影响身体某一方面的因素也许还会影响身体的另一方面。例如，为了减轻背痛，我一直在做运动，最后发现，因为做运动，我的平衡感变得更强了，我的脚痛也减轻了。如果我认识到，因为使用非优势手完成某些任务，结果，我的身材变苗条了，我的背痛减轻了，我的听力甚至也变好了，尽管从表面上看它与非优势手并没有什么关系。最后（只有到最后才可以），我们也许会修炼到不需要连续体的地步，甚至进入这种境地：会自然而然地注意到身体发出的信号，然后做出必要的校正，并把它当作家常便饭。

我的朋友伊莱恩（Elaine）向我讲了她的两位朋友的故事。她的这两位朋友是一对同性夫妻（女性），其中一位是医生（下面称为 A），另外一位不是医生（下面称为 B）。一天，B 开车时感到胸痛，于是立即打电话给 A。A 非常了解 B，再结合自己在医学院所学的知识，从直觉上判断出 B 可能是心脏病发作。但是想着 B 还在开车，所以 A 说，B 可能是消化不良。B 很害怕，忍着剧痛开车把自己送到了医院。结果 B 真的是心脏病发作。

第五章　医学规则是如何形成的

在我所认识的人当中，唯一的一个聪明人是我的裁缝。每次见到我，他都要重新给我量尺寸，而其他人则一直用老眼光看我，并且期待我符合这种老眼光。

——乔治·伯纳德·肖（George Bernard Shaw）

想象一下这种情景：一位独居的老太太，一般每隔几天出去购物一次。每次购物回来走到公寓门前的时候，她会放下手中的袋子，找钥匙，开门，然后弯腰把袋子提进门。一次购物回来，她走到公寓门前，像往常一样把袋子放下，不过，当她打算提袋子进门的时候，由于腰弯得不够低，没有够着袋子。幸运的是，旁边恰好有邻居经过，帮了她一把。但是，接下来的几次，她还是遇到了同样的问题。如果她不能把买来的东西带回家，那么她就不能照顾自己。她的子女担心她的状况会越来越糟，因此把她送到了养老院。

现在，想象一下另外一种情景。一位独居的老太太购物回来，走到公寓门前的时候，把手中的袋子放在门前的架子上，找钥匙，开门，把袋子提进门。在人们看来，第一种情景里的老太太身体太弱了，不能照顾自己，而第二种情景里的老太太则不是这样。两种情景唯一的区别就是用作架子的一小块木板。

外部世界是社会建构的，而我们很少意识到这一点。大多数东西最初被设计的时候，是为了满足设计者的需求或者满足设计者眼中"一般人"的需求。剧场的座椅要多宽，厨房的桌子要多高，糖块要多大……所有这些决策的结果，也许并非最好地满足了我们的个人需求。问题在于，我们经常对外部世界视而不见。外部世界处于一定的背景之中，这种不变的、没有受到挑战的背景蒙蔽了我们的双眼，让我们看不到一个事实：在建构外部世界的过程中，建构者做过很多选择。如果社会建构的环境不再适合我们，那我们就会以为是自己出了差错，而很少把问题归咎于环境，也很少通过改变建构来满足自己的需求。当伸手去够放在橱柜顶层的盘子而失手摔碎它的时候，我也许会把这归咎于自己的笨拙。对我而言，较好的方式是，不贬低自己，而是把这归咎于我去够盘子时分心了。然而，更好的方式是，认识到橱柜是为比我高的人设计的。也许，认识到这一点后，我甚至会决定重新设计橱柜，以更好地满足自己的需求。

医疗世界的样子影响了我们对自己以及自身健康的看法，而且，它也是社会建构而来的。医生和护士都穿着制服，医院的房间都是一个样子，绷带是白色的，点滴架是一副讨厌的样子，医生的诊室是简陋的（只有几样标准的摆设），病房的门是开着的。在建构之时，医疗世界的一切几乎就成了一把双刃剑，尽管我们很少认识到医疗世界被建构成这样所带来的负面影响，也很少探究医疗世界之所以被建构成这样的原因。

让我们一条一条地分析。医务制服有以下几个重要功用：表明穿这种制服的人都是医务工作者；制服是白色的，染上灰尘或其他污染物后，很容易看出来；不同的制服能区分不同种类的医务工作者是医生、护士长、护士还是其他人员。在这些功用当中，每一种都有一定的负面影响，具体为何取决于具体情境。如果去医生的诊室看病，那么，我们需要看见她穿着白大褂才能知道她是我们的医生吗？制服制造了距离，无形中会让我们感到拘谨。制服告诉我们，坐在这里的是一位专家，这样我们就不大可能质疑她，即使质疑对我们更有利。如果医生需要完成一些可能会弄脏其衣服的操作，那么她就会穿上实验服。在养老院里，老人不大可能和工作人员相混淆，所以工作人员不需要穿制服；如果工作人员穿制服，那就是对"护理"（nursing）的强调胜过"照顾"（home）。不管制服有什么优点，其缺点还是需要考虑一下的。

制服对穿制服的人有什么影响呢？我们可以趁每天决定穿什么的时候审视一下自己的心理感受（以及身体感受），只要问问自己为什么选择这样穿而不是那样穿，就可以知道答案。这一信息可能会非常有用。通过选择穿什么，我们变得更加个人化，而这能让我们对自己的行为更加负责。制服代表身份，而身份容易掩盖我们本人。我还清楚地记得，当我第一次考虑制服的影响的时候，我的体验是怎样发生剧烈变化的。几年以前，我给几家养老院做顾问。那时，我没有合适的制服，但是我手里总是拿着一支笔和一个本子（我很少用它写什么）。它们就是我的制服，而且我发现，它们掩盖了我本人。我的"制服"表明我是一个有身份的人，它决定了工作人员怎样看我、怎样与我交往，也进而决定了我怎样与工作人员交往。我不需要完全投入，毕竟，这里是我做主。在第三次拜访其中的一家养老院时，我决定不带笔和本子。没有了"制服"，我必须丢掉以前挣来的特殊身份，现在，出现在养老院里的是我本人。我发现，这种体验超级棒，我开始盼望去养老院了，而以前我很怕去养老院。

不久以后，我建议工作人员也脱去制服。一开始，他们强烈反对，但是最后照做了。我当时只是给养老院做顾问，而不是做研究，所以没有收集数据，不过，养老院的变化几乎是显而易见的。以前是一种身份的人和另外一种身份的人交往，现在是一个人和另外一个人交往。尽管老人、护士、医生和顾问之间还是存在差异，尤其是年龄差异，但是，在处理日常问题的过程中，这些差异以及与角色有关的身份所产生的影响变小了。老人对护士似乎不像以前那样苛刻了，护士似乎更尊敬老人了。

医疗机构把医疗环境建构成现在的样子，本意是想帮助前来求医疗养的人，结果却对他们产生了负面影响。这是为什么呢？我们也许能在社会心理学的研究中找到答案。在社会心理学领域中，对一个主题的研究越来越多，这个主题就是：过去的经验怎样在我们意识不到的情况下影响自己现在的行为。通常情况下，几乎不用花费什么力气就能让过去的经验起作用。

心理学家安东尼·格林沃尔德（Anthony Greenwald）和马扎林·贝纳吉（Mahzarin Banaji）把特定线索激活特定联想进而影响我们行为的现象称作"启动效应"（priming effect），而发挥启动作用的线索则被称为"启动线索"（priming cue）。所处的物理环境会启动我们的感受和行为，尽管我们通常意识不到它的影响。启动线索经常会告诉我们它期待我们怎样做，而我们经常会漫不经心地照着做。医疗世界的很多方面就是这样的：它呈现的一些细微线索，让我们表现出了在没有这些线索的情况下不会表现的行为，从而对我们造成了负面影响。从某种意义上说，启动线索控制了我们的行为。为了深入了解启动效应及其产生的负面影响，心理学家约翰·巴奇（John Bargh）、马克·切（Mark Chen）和伯拉·伯罗斯（Lara Burrows）做过一项精彩的研究。被试被随机地分为两组，一组是实验组，一组是控制组。两组被试的任务都是解字谜（将字母顺序被打乱的"词语"还原成原来的词语），不同的是，实验组的词语都指向老化、刻板（比如，"felorguft"还原后是"forgetful"，意思是健忘的），而控制组的词语则是中性的。研究者并没有向被试说明这些词语具有什么特点。在被试解完字谜后，研究者说，实验结束了，他们可以离开了。实际上，实验并没结束，研究者还测量了被试从实验室走到电梯（离开实验室所在的大楼要乘电梯）所用的时间。结果发现,实验组的被试——解答的字谜中含有"老年"等启动线索词语的被试——走得更慢。

在较近的一项研究中,我和我的学生马加·迪基奎克（Maja Djikic）、萨拉·斯特普尔顿（Sarah Stapleton）想看看我们能否逆转漫不经心的启动效应。在开始正式研究之前,我们让人给 100 幅照片分类,在这 100 幅照片中,有的是老年人的单身照,有的是年轻人的单身照。我们发现,如果让年轻人做这件事,他们会按照年龄进行分类。在正式实验中,我们随机将这 100 幅照片分成 5 组,每组 20 幅。对于控制组的被试,我们指导他们将每组照片分成两类——"年老的"和"年轻的",这样对他们进行"老年"启动。与前面那项研究中实验组的被试一样,这组被试走得也很慢。对于第一个实验组的被试,我们指导他们按照我们给出的标准对每组照片进行分类,我们给每组照片一种分类标准,所有的分类标准都和年纪没有关系（比如按照性别分类）。对于第二个实验组的被试,我们指导他们按照自己的标准对每组照片进行分类,只要分类标准和年纪没有关系就行。我们想看看,重新分类这一专念活动能否让他们对"老年"这一启动线索免疫。我们期待被试从多种角度来看照片中的人,而不是仅仅从年龄来看。实验组的被试,也就是专念地进行分类的被试,走得并不慢。这说明,专念让他们克服了"老年"启动效应。

医疗环境的消极作用

医院里的白大褂也许会以同样的方式起作用,它们启动的是"医生"这一概念,从而让我们想起有关医生的刻板印象。如果我们把医生看作权威人物,而不是首先把他们看作人,那么,我们往往就会表现得好像他们只是权威人物（即使有些医生可能非常平易近人）一样。医生和护士的制服很有可能启动"病人"这一概念，而且，当我们把自己看作病人的时候，我们往往就会表现得像病人一样。

大多数医生的诊室都相当刻板和单调，这让病人觉得看医生是一件非常严肃的事情，即使在它也许并不是一件非常严肃的事情的时候也是如此。医院房间的每一方面，几乎都暗示着严重的疾病。这不仅给病人施加了压力，对其造成了直接影响，而且还通过病人的亲朋好友间接地影响了他们。想象一下，你到医院来看我，碰到我在打点滴。你会站在哪里？你会怎样与我交流？现在，想象一下，悬挂点滴瓶的架子上面有好玩的条纹图案，就像孩子想象中的北极。这次，你会站在哪里？你会怎样与我交流？（当然，如果点滴架一直是条纹状的，我们也许会把条纹图案和讨厌的打针联系在一起。我这么说的重点是，我们经常意识不到环境对我们行为的影响。）

想象一下，一年初冬，你在滑雪时伤了膝盖，已经做了手术，目前正在恢复中，只能靠拐杖走路。当你拄着拐杖在屋里走来走去的时候，你也许会想：谁做的拐杖，这个家伙怎么没有想到在冬季出门走走是个很好的主意。如果拐杖被做成这样：你按一个按钮，拐杖触地的那头就会出现一个金属爪子，那么你就不必一直困在屋里了。

在养老院里，老年人的生活被安排得能有多容易就有多容易。一方面，这似乎是一件好事。然而，没有一点儿困难，也意味着没有一点儿掌控感。如果我们真的想让生活变得容易，应该做出一些与我们大多数人目前所做的完全不同的选择，而不是只会在初学者滑道上滑雪；只要能用乐器演奏一些简单的曲子就会感到很满足；几乎不去尝试新东西，即使尝试的话也很少。显然，我们大多数人都想挑战自己的智力或体力，这是一件好事。掌握一样新东西会让人感觉良好，也会让人更加专念，这对我们以及我们的健康都有好处。与已经掌握的结果相比，积极掌握的过程能够给人带来更大的好处，因为在这一过程中我们是专念的。老人经常被剥夺这些好处。我们不仅把他们的生活安排得太过容易，而且在他们遇到一些无法避免的困难时，我们还会过度地帮助他们。助人行为会让助人者感觉良好，但是随着时间的推移，它也许会让接受帮助的人觉得自己很无能。哈佛医学院的杰里·埃冯（Jerry Avorn）医生和我做过一项研究，在研究中，我们要么指导老年被试完成任务，要么直接帮助他们，要么听任他们自行解决。结果很明显：那些接受帮助的被试，任务完成的情况最差。我并不是建议停止帮助老人，而是建议在每次打算帮助老人之前再三考虑一下，问问自己，再给一点儿时间的话，老人能否自己解决问题。如果他或她能够自己解决问题，那么他或她就会帮助自己变得更健康。

被我们过度帮助的另外一群人是残疾人。"残疾人"是一个标签，这意味着我们把自己的能力看成固定不变的。我们任何人，都有能走很远一段路的时候，也有一动也不想动的时候，但是我们当中是否有人问过自己：如果哪天我被贴上"残疾人"的标签，并且要一直使用残疾人的专用车位，会有什么样的感受？面对衰弱，我们的应对之道不该是视而不见，也不该是遮遮掩掩，我们能够也应该建构一个这样的世界：时刻提醒自己，我们的能力每天都在变化，我们的疾病并不是固定不变的。（有些停车场有小巴，任何人都可搭乘，这样就不必给那些需要帮助的人留出专门的车位。）有些改变并不需要付出多少辛劳，只要有新的思维方式就能做到。比如，我一直抱怨的一件事情：养老院里老年人的房间和医院里病人的房间的房门都要求开着。房门开着，不仅剥夺了我们的隐私权，也意味着我们是弱者，需要一直被看护。也许，对于重症监护病房，房门开着是有用的，但是，对于其他房间来说，因此付出的人力成本是高昂的，也是不必要的。那些提醒我们自己需要全面照顾的任何细微线索，都会助长我们的依赖、被动和漫不经心。当被鼓励着这样依赖别人的时候，我们就不需要注意在今天自己也许能够照顾自己。如果我们开始照顾自己，也许会想到注意自己在健康方面发生的细微变化，也许至少会去做那些我们力所能及的事情，如此一来，就能改善我们的心理状态和身体状态。

医院里的一些设施也在时刻提醒着我们：你生病了。浴室里的安全扶手非得如此显眼不可吗？它本来可以设计成更符合浴室整体风格的样子。拐杖不能设计得更美观一些吗？在我读研究生的时候，看见一个人穿着一双彩色的矫形靴套。这双靴套格外引人注目，似乎在邀请别人盯着它看，告诉别人靴套的主人曾经发生过不幸。这让我想到，我们之所以回避身有残疾的人，至少部分是因为我们的矛盾心态。一方面，我们很好奇，想一探究竟；另一方面，社会规范告诉我们，我们不该这样盯着别人看。

我和同事谢莉·泰勒（Shelley Taylor）、苏珊·菲斯克（Susan Fiske）以及本齐翁·班查诺维兹决定检验一下这种心理冲突，并且专门给它取了一个名字——"新奇刺激假设"（the novel- stimulus hypothesis）。我们想看一看，如果人们有机会满足自己的好奇心，将某个身有残疾的人看个够（当然是在那个人意识不到的情况下），那么在人们当面遇到这个人的时候，是否就不大可能回避他了。

在实验中，我们用学生做被试，并且随机地将他们分为两组，一组为实验组，一组为控制组。对于实验组的被试，我们允许他们通过一面单向玻璃观察一位腿上装有一个大大的固定支架的人，然后安排他们和这个人坐在同一个房间，并测量他们和这个人之间的距离。控制组的被试没有经历通过单向玻璃观察这一环节，而是突然被安排和这个人坐在同一个房间。不出所料，同控制组被试相比，实验组被试坐得离这个人更近。

美国联邦航空局（FAA）有一个安全检查表，飞行员必须根据该表一项一项地做检查，以保障工作安全。现在，很多飞行员都非常熟悉安全检查表上的内容，做起安全检查来漫不经心，结果导致了很多事故。同样，社会建构的医疗世界也有一个非常具有破坏性的东西，那就是医疗记录表。这些记录表基本上一成不变，因此，就像飞行员一样，医务工作人员很可能会漫不经心地对待它们。这些记录表关注的只是一些基本信息，比如病史、心理状况史、用药史、过敏反应史等，它们仅仅涵盖了典型病人的必要信息，却遗漏了那些可能非常重要的特异信息。假如我们重新设计记录表，纳入一些只有密切关注病人才能完成记录的项目（比如，要求医生记录病人的脸色、机警度、心情等），让医生和护士每次收集信息的时候，必须根据当时的情况对表格做出适当的修改。如此一来，医生不得不积极地与病人建立密切关系，病人也会因此觉得受到了医生的特别关注，从而积极地与医生建立密切关系。最终，医患交流就会从漫不经心的转变成专念的，而医生、病人的健康和幸福都会得到改善。

我们已经有了一些现成的技术，利用这些技术可以让环境（一般环境和医疗环境）变得更适宜老年人。比如，老年人经常觉得手机、掌上电脑之类东西的屏幕上的字体难以看清，因为这些东西是由年轻人设计的，也是为年轻人设计的。既然我们的文化教导我们，人老了，视力一定会变差，那么就有一个现成的商机摆在那儿：重新设计这些东西，让它们更方便那些视力不好又没有兴趣研究怎么把字体调大的人使用。同样，药物试验通常用年轻人做被试，结果，老年人经常被用药过量。如果情况恰好相反，药物试验用老年人做被试，那么年轻人就可能治不好了——对年轻人而言，药物就不怎么有效。我们当中有些人年纪轻轻，却像老年人；当然，也有一些人年纪很大，却像年轻人。这样，我们当中有些人就会用药过量，而有些人则会用药不足。

如果医生在写处方的时候，不是给出一种确定的药物疗法，而是至少给出两种她认为有用的药物疗法让我们选择，情况会怎样呢？这不仅会让我们参与治疗过程、增强我们的专念程度，而且首先会提醒医生最终的选择必定包含不确定性。这种方法甚至可能足以让我们在选定某种疗法，并照此服药的过程中密切关注：随着时间的推移，我们的症状会发生什么变化。

改装一下房子和办公室——环境的方方面面——让它们更符合我们的需求，我们也许会惊讶地发现，自己的健康状况也跟着改善了。但是，为什么到这里就止步不前呢？也许能够找到方法，阻止我们的一些能力随着自己的衰老而退化。如果可以创造一个虚拟的世界，让我们在年轻、健康的时候体验一下衰老和疾病，以学会更好地应对和克服我们最终可能会面对的症状，情况会怎样呢？让我们回到那个假设：年纪大了，我们的视野就会变窄，就会变得对寒冷更敏感。二月里某天的零下一度和十月里某天的同样温度相比，给人的感觉是不一样的，不管我们穿了什么样的毛衣。尽管我们能适应季节变化，但是，我们一般不能适应与衰老有关的变化。如果在较年轻的时候，比方说在 40 多岁或者 50 多岁的时候，能体验一下视野变窄、对寒冷更敏感是什么样的感受，那么，我们就能在感觉自己还很强壮的时候学会应对这些变化以及其他一些与衰老有关的变化。因为在我们较年轻的时候，视野变窄、对寒冷更敏感是很新奇的体验，所以我们更有可能因此关注自己的变化（一种专念反应）。一旦开始关注变化，我们对症状的控制能力就会加强，也会变得更加健康，而这自然会促使我们进一步关注自己的体验。学会如何"应对"与衰老有关的变化之后，在真的变老的时候，我们就会适应得更好。另一方面，如果我们假设，年纪大了，就一定会出现各种各样的问题，我们对之无能无力，那我们就不会花费时间和精力去寻找减少或解决问题的方法。

有时，解决办法唾手可得，就像前面提到的架子，我们不需要创造一个虚拟世界。我的祖母会把家里的温度调高，而我的母亲则会把温度调低。祖母认为母亲觉得热是不正常的，母亲认为祖母觉得冷是不正常的；但是，因为她们都同意年纪较大的人一般是有"问题"的人，所以祖母经常会输掉温度调节之战。如果她们都换一种思考方式，那么也许就不用争吵而能轻易地解决分歧：觉得冷的人可以加一件毛衣，觉得热的人可以脱掉毛衣。

我们之所以需要关注自己与环境之间的匹配度，另外一个原因就是，在年轻的时候，我们就在漫不经心地加工环境。例如，通常，在装修房子的时候，我们会买一张桌子、一张沙发、几把椅子、一张床，等等。住过一段很短的时间之后，我们就不再注意它们（如果我们真的注意过它们的话）。一般情况下，我们总是太忙，没有多少时间注意身边物品的细节。到年老的时候，我们或多或少地会被困在屋里，这时我们就更不可能从新的角度看这些东西。也就是说，最初，我们之所以忽视周围的物理环境是因为太忙，而后来，当没有什么事情需要思考的时候，我们就更不可能去思考任何自己已经漫不经心地了解过的东西。这并非意味着我们必须用心地关注一切东西，即使我们能够做到。事实上，我们有另外一个更简单的选择：刚开始时就不用一种漫不经心的态度去了解一样新东西，这样，将来我们就更有可能用一种全新的方式去思考这样东西。例如，很少有老年人会想到把自己的房间重新布置一下，以更好地满足自己当前的需求。家具一直那样摆着，而他们从来没有考虑过把他们不再使用的桌子丢掉。

出现差错时，我们大多数人都认为问题在于我们本身，而实际上，也许是因为我们的生活方式或者职业与我们的身体匹配不当。比方说，如果一份工作要求在很多事情之间转换注意力，那么注意力缺陷多动症也许就不是问题。另一方面，如果我们是活泼好动的人，收费站里那种要求坐一整天的工作对我们而言就会显得很难。在作出不适应这个世界的结论以前，我们最好考虑一下在哪些方面我们也许会适应得更好。

护士与病人为什么会敌对

我曾因为踩在一块冰上而滑了一跤，扭伤了脚踝，结果在医院里躺了两个星期才恢复过来。在住院的那段时间里，我既是一个病人，又是一个被试，同时还是一个观察者，而在脚踝不痛的时候，我又变成了一个心理学家。那两个星期给了我很多启迪。

当时是早晨 6 点 30 分。我住院已经有好几天了，不过，那天是所用药物没有影响我的记忆力的第一天。一位护士来到我的房间宣布，她要给我测量生命体征。我对她说了一个字："嗨。"她立即转变了态度，大声说我让她如沐春风。起初，我很惊讶，在我看来再小不过的举动，竟能产生如此大的效果。于是，我和她攀谈起来。她告诉我，毫不奇怪的是，人们不喜欢被吵醒，当她吵醒病人时，病人一般会非常不高兴。这种时候，病人会把护士当作敌人来对待。护士对这一点也有预期，经常会提前在心里把自己的角色演练一遍。在这种情景中，没有其他人在场，只有病人和护士，各自扮演各自的角色。如果有人在场，剧本就会改变，变得对病人和护士来说都更好。

另外一次，我按了求助铃，一位护士进来了，问我需要什么帮助。当我开始告诉她我为什么按铃时，我意识到，她正在把我的需要和她手头的事情放在一起权衡。而且，在大多数情况下，她们似乎都是这样做的。如果护士很忙，她会觉得我的要求很烦，并对我的要求心怀不满。然而，病人不可能知道在任何特定的时间里护士有多忙。我们按了铃，等着，最后终于有人来了。如果从按铃到来人所花的时间有点儿长，病人就会觉得自己被忽视了，而护士会觉得自己被戏弄了。想象一下，如果病人和护士都能站在对方的角度思考问题会发生什么。

病人按铃，护士进来。

病人："嗨，现在忙吗？"

护士："是的。有个急诊，已经去了好几个护士。你需要什么帮助？"

病人："谁有空的时候，能不能帮忙把我扶到椅子上？"

护士："当然可以。但是，可能要等几分钟。"

等待时间一点儿也没有缩短。然而，现在等来的是理解，而不是冲天的敌意。让我们以倒便盆这样一个更难的要求为例。没人想做这件事，也没人应该做这件事，但是，这件事必须有人去做。如果护士因为职责要求而不得不倒便盆，那么她往往会心怀不满，而病人呢，则会觉得内疚，或者觉得无助。一次，在这种情形下，我对护士说："对不起，我真希望自己有另外的选择。"她觉得过意不去，于是说："不要再这样想了，这是我的工作。"从此以后，她不再对我的要求心怀不满，而我呢，也觉得感激，而不是内疚。

一天早晨，职业治疗师来到病房并且介绍说："我是职业治疗师，工号为××，我的名字叫简。"我回答说："你好，我叫埃伦。你刚才说你叫什么名字？""我叫简。"把她的名字和她的头衔、工号分开之后，在我看来她更像一个人了。我们接下来的交流是人对人的。这很重要，因为医务工作人员所受的训练使他们给出的大部分建议都是"均码"的，所以，为了让他们的建议更适用于个人，我们需要大胆地提问，拒绝那些我们其实不需要的帮助，要求更多我们真正想要的帮助。在等待脚踝康复的那段时间，我想锻炼一下上半身。这不在康复训练项目之内，我很难让职业治疗师或者物理治疗师帮助我，但是让简帮助我就容易得多了。

我和心理学家亚当·格兰特（Adam Grant）决定检验一下这个想法。我们给被试展现了一种假设场景，问他们在此场景下会怎么做。我们给一半的被试展现了下面这种假设场景：你在住院，期间需要使用便盆小便。一次，你在小便时觉得非常不舒服，负责照顾你的那个护士有事分不开身，而旁边恰好有另外一个护士，你会让她帮忙吗？我们给另外一半被试展现了下面这种假设场景：你在住院，期间需要使用便盆小便。一次，你在小便时觉得非常不舒服，负责照顾你的那个护士——贝蒂——有事分不开身，而旁边恰好有另外一个护士，你会让她帮忙吗？两组被试所面对的场景的唯一区别是，是否称呼负责照顾他们的护士的名字。称呼一个护士的名字，似乎暗示着也许所有的护士都不仅是护士，而且还是人，同没有名字的护士相比，她们更容易接近。我们发现，当用名字代替角色时，有更多的人回答说他们愿意寻求帮助。

只要有可能，我们就要"绕过角色"，这样做还有一个更重要的原因：漫不经心容易出错。如果我们不是以一种人对人的姿态与他人交流，那么，我们与他人的交流就容易以一种漫不经心的方式展开，而这样做是有风险的。角色对角色的行为会受到角色的制约，是规范性的，也就是说，我们有可能重复一种典型的行为模式。在有些情况下，我们不该遵守规则，但是，只有在关注这些情况有什么不同的时候，我们才能注意到它们。对于医务工作人员来说，这很难做到，因为他们总是要看很多病人，往往不会对病人一一加以区别，尽管这样做对病人有好处。但是，对于病人来说，这应该不难做到，因为，一般情况下，我们不可能总是病人，并且，没有几个人要我们去留意。显然，以人对人的姿态与医务工作人员交流对我们最有利。同做病人相比，做自己的时候，我们更容易保持专念。

一次，一位护士要给我抽血去测血糖。我没有糖尿病，于是，我很有礼貌地问她，我为什么要做这个检验。如果把自己看作一个病人，我也许不会问。这时，那位护士意识到自己弄错了人（病人），于是走掉了。我想，她也许去找该做血糖检验的人了。

第六章　语言的固有缺陷

在不同的语境下，同一句话可以表达不同的含义，而不同的含义可以产生不同的效果。

——布莱斯·帕斯卡尔（Blaise Pascal）

我们都知道，良好的交流可以营造健康的关系。当两个人说同一种语言的时候，他们都认为其看到的是同一个世界、拥有的是共同的体验——对与世界有关的基本事实以及对世界的体验，我们都是使用语言进行交流。

在大部分情况下，语言对我们有好处。然而，语言确实会让我们认为自己已经知道的不如可能知道的多；因为语言存在固有的缺陷，所以它常常会制造出一种朴素现实（naive realism，大多数普通人对世界所持的一种常识性观点）以及一种知道错觉（an illusion of knowing，以为自己知道了，其实根本不知道或者不完全知道）。

当使用同一种话语的时候，我们很容易以为自己的体验是相同的，而实际上，我们的体验可能大相径庭。这一点可以这样理解：我们的体验是变化的，而用语言表达出来的体验却是静止的。比如，我们这样描述昨晚红袜队的比赛："那是一场势均力敌的比赛，但是在第 9 局结束之际，击球手打出了一个再见本垒打"——这句话尽管传达了相关信息，但是没有捕捉到我们的感受。

语言并非专指明明白白地说出口的话、写出来的字，交流过程中的非言语线索也是语言的一部分。有时，仅仅通过别人的非言语行为，我们也能明白其意思。以一个简单的声音"喷"（psst）为例说明一下。仅仅发出这个声音，你就能引起别人的注意，与之谈话，表达你的愤怒。"喷、喷、喷"——你的语调能告诉别人你有何感受。"喷"也可以用来表达欣赏或者同情，我们不妨试一下。语言表达（言语的和非言语的一起）是一种高度社会化的活动，所以会让我们忽略自己体验的独特之处，而设法关注那些共同之处。你问我有何感受，我告诉你我胃痛，我假定你的胃痛体验能让你明白我感到相当不舒服。但是，我和你的体验可能有很多不同之处，而这些不同之处都丢失了，因为语言会制造出一种知道错觉。语言是速记，而个人体验是全文。

最近，我去看牙医，这个牙医告诉我，在看牙过程中的某一时刻，我会有压迫感。在整个过程中，我没有体验到任何压迫感，也没有体验到任何痛苦。我不知道怎样描述自己的感受，所以我什么也没说。实际上，我忽略了自己的体验，因为我不知道用什么语言来表达它才符合当时的情况。在当时那种情况下，我不说什么，可能没什么大不了，但是，在其他情况下，任何我没有表达的信息都可能是十分重要的，所以，比较了解自己的个人体验，也许是一种优势。起码，我可以这样说——我很难描述自己的体验。我希望，听我这么说，他会问我一些问题，帮我表达自己的体验。

语言经常把我们限制在一种单一的视角里。因为经验不同、所受训练不同，因此，医生和病人在交流过程中经常操着不同的语言。当我说"我有点儿痛"的时候，我想表达的意思和医生理解到的意思可能大不相同。

我可能是在尝试忍受实际上很严重的疼痛，而她听到的是我的疼痛不是什么大问题。我也可能是真的觉得并不怎么痛，而她听到的是我的疼痛需要用药加以干预。当一则信息是由权威人士发布的时候，或者当一则信息是用绝对的、强硬的语言表述的时候，我们往往不去质疑它。我们只是接受它，陷入心理定势，意识不到权威人士有时也会犯错或者夸大其词，也意识不到语言具有很强的操控力。医生同我们说话的时候，我们时常把他们的见解当作真理，把他们的建议当作命令。

想象一下，有一种方式可以让我们意识到不确定性，进而让我们看到可能性。如果医生在每次发表言论之前都加上一句"在我看来"，那么，仅仅这样做就能提醒我们，他们的看法不是唯一的，还存在一些与之相左的看法（当然，有些医生在某些时候已经这样做了）。我听到有人在说："等一下！我们希望，医生向我们表达看法、提供建议的时候，是确信的、有把握的。"是的，我们确实希望这样，但是，他们不是也不该像我们希望的那样有把握，而且，我们在他们不是那么有把握的时候认为他们是非常有把握的，对我们并没有什么好处。在交流过程中使用客观的、绝对的语言，就会制造出一种朴素现实，从而让我们认为存在一个真实的外部世界，这个世界是我们共有的，我们所有人的感觉都由这个世界直接引起，而这个世界在被人们认知的同时还保持着原样——与它没有被人们感知时一样。这种朴素现实主义最终会让我们意识不到我们可以选择和享受可能性。

实际上，我和我的学生们做过几个实验，结果发现，当我们用揣测语气（比如，可能是、也许是、有种看法认为）代替直陈语气（是）传达一则信息的时候，人们就会质疑这则信息，并且能够从新的角度思考它。在其中一项研究中，我们找了一本有关城市发展的教科书，节选出部分内容，将其改成揣测语气；在另外一项研究中，我们找了一段教人如何做心脏复苏术的文字，将其改成揣测语气；在第三项研究中，我们给被试看一些贴有标签的物品——标签上的文字要么是揣测语气，要么是直陈语气（比如，"这可能是狗狗的玩具骨头"或者"这是狗狗的玩具骨头"）——然后让被试思考怎样创造性地运用这些物品。那些看到揣测语气的被试，更可能在将来创造性地运用这则信息。如果了解到高胆固醇水平是危险的，我们可能会因此感到紧张；如果了解到高胆固醇水平可能是危险的，我们可能就不会那么紧张，而与以前什么都不知道的时候相比，我们可能更关注自己的健康。使用揣测语气，会让说者和听者变得更专念。当然，作为听者，我们能够而且也应该把说者所说的一切都当成不确定的，尽管说者的语气十分肯定。另外，语言和体验不是一回事，语言传达的是我们体验的共通之处，而不是独特之处。认识到这一点后，我们就更可能认识到，我们的健康体验——尽管描述起来和别人的健康体验没什么不同——也许非常独特。不管一位医生多么仔细，他的专家角色和病人对确定性的期待结合在一起，都会让医学语言变得极具影响力。

心理学家琼·弗朗索瓦·波尼冯（Jean-Francois Bonnefon）和盖尔·维尔茹贝（Gaelle Villejoubert）最近的研究揭示了我们是怎样误解医生的，即使在他们使用"可能"之类的词语来描述病人的疾病时也不例外。如果你的上司告诉你："明年夏天，你可能要去欧洲出趟差。"那么，你也许会认为即使机会渺茫，你还是有可能去。但是，如果你的上司告诉你："你涨工资的要求可能会被拒绝。"那么，你更有可能认为这件事是确定的——公司不会给你涨工资，上司使用"可能"这个词只是想用委婉的语气向你传达坏消息。波尼冯和维尔茹贝发现，如果涉及的是轻微的副作用或者小病（"你可能会感到肌肉酸痛"），病人通常会按第一种方式去理解：既然医生不确定它是否会发生，它发生的概率也许和不发生的概率不相上下；然而，如果涉及的是严重的副作用或者大病（"你可能会变成聋子"），病人通常会按第二种方式去理解：医生确定它会发生，他这样说只是想让语气显得委婉一些。如果病人按照这种方式去理解，那么，不管医生提到的发生概率是多少，病人都会认为自己极有可能出现医生所说的情况，从而可能做出非理性的行动决策。关键是，揣测语气有时会被理解成确定的，有时又不会。重要的是，我们要明白，揣测语气并非一定意味着对我们疾病的理解是不确定的。

有些人相信我们对自己的疾病具有控制能力，但是他们又不知不觉地接受了那些可能与之相左的隐喻。我们鼓励自己不要向疾病屈服，要与疾病"做斗争"。我们的用词很有意思，"做斗争"是一个很形象的表达，但是，它也可能产生一些难以觉察的负面影响。如果一个小孩不停地骚扰我们，我们不会与小孩"做斗争"；我们只会与强大的对手"做斗争"。这样，与疾病做斗争或者与疾病抗争的观念只会让我们觉得疾病很强大，觉得它可能会摧毁我们的健康。如果我们使用其他隐喻，很可能会更好，比如，"掌控我们的状况"，这样说意味着，尽我们所能了解与之有关的一切，以期将来能够控制它。由此可见，我们使用的语言是很关键的。

启动效应与安慰剂效应

做一下这道算术题：1000+40+1000+30+1000+20+1000+10。这道题是加州大学洛杉矶分校安德森管理学院（Anderson School of Management）的什洛莫·贝纳茨（Shlomo Benartzi）给我们出的，很多人给出的答案是5000。"1000"这个数字不断被重复，以致我们用"1000"来计算这道题。然而，正确答案不是5000，而是4100。这说明，我们经常不知不觉地犯错。

大多数人认为，我们能够掌控自己的思维，可以选择把它引到一个方向，也可以选择把它引到另外一个方向。如果我们是在专念的状态下了解到某则信息，那么情况确实如此。然而，大部分信息都是我们在漫不经心的状态下了解到的——不加质疑、不假思索地全盘接受，因为它们是由某个权威传达的，或者因为它们最初和我们不相干。即使明知道在某些时候重新考虑一下这些信息对我们有好处，我们也很少这样做。这让我们非常容易受到启动效应的影响，就像我们在前面的章节所看到的那样。启动效应的工作原理就是，在我们觉察不到的情况下，激活那些我们在漫不经心的状态下记住的观念。例如，如果我们了解到女性不怎么擅长数学，那么，在"女性"这一概念被启动后，其数学能力就会遭殃。心理学家玛格丽特•施（Margaret Shih）、托德•匹廷斯基（Todd Pittinsky）以及娜莉妮•安贝迪（Nalini Ambady）就在自己的研究中发现了这一现象。他们用亚裔女性作被试，并将其分成两组。一组被试的"亚裔"身份被启动，另外一组被试的"女性"身份被启动。有关亚裔的刻板印象是，她们擅长数学；有关女性的刻板印象是，她们不怎么擅长数学。研究者通过询问被试是否住在集体宿舍来启动其性别意识，通过询问被试是否说英语以外的语言来启动其种族意识。结果，女性身份被启动的那组被试，在数学测验中的得分远远低于亚裔身份被启动的那组被试。

在我们的生活和文化中，处处可见启动线索——一句随口而出的评价、一次拼字游戏、一个广告牌或者一档电视节目。不管看起来多么不相干，一个词语就可能让我们做出自己在比较清醒的状态下不可能做出的行为。

我们所掌握的与身心健康有关的信息，很多都是在漫不经心的状态下了解到的，因此，其中有大量信息不需要特别刺激就能被启动。心理学家贝卡•利维发现：启动年长者的积极老化刻板印象后，其记忆力以及在记忆方面的独立自主性就会增强；启动年长者的消极老化刻板印象后，其记忆力以及在记忆方面的独立自主性就会减弱。对年长者的反应影响最大的因素是，他们认为刻板印象对其自我形象有多重要。那些对消极刻板印象比较敏感的人，心里会萌生恐惧情绪，其记忆力以及在记忆方面的独立自主性也会因此受到损害。利维让被试坐在事先设置好的电脑前，电脑会很快地呈现一些与积极形象或者消极形象有关的行为描述（比如，"全面看问题"或者"记不住生日"），在被试看清以前就消失了。之后，被试完成了一项记忆力测验，回答了一个老化态度问卷。这个态度问卷给被试呈现了一些至少能从两种不同的角度加以解释的情景，比如，一种情景描述的是一位 73 岁的老太太搬去和女儿一起住。消极解释这一情景的被试，认为老太太需要女儿的帮助才能生活；积极解释这一情景的被试，认为老太太和女儿可以互相做个伴儿。用积极描述启动的被试，其记忆力测验成绩好于控制组；与此类似，用消极描述启动的被试，其记忆力测验成绩差于控制组。

贝卡·利维还和杰弗里·豪斯多弗（Jeffrey Hausdorff）、丽贝卡·汉克（Rebecca Hencke）以及珍妮·魏（Jeanne Wei）一起做了另外一项研究，结果发现，启动被试的健康观念，可以激活被试的健康行为，就像上一研究中与睿智有关的描述可以启动更强的记忆力一样。被试首先要完成一项"语言水平测试"，这一测试是用来激活与健康的生活方式有关的观念或者与不健康的生活方式有关的观念的。那些健康的生活方式被启动的被试，后来更可能使用楼梯而不是电梯。仅仅启动"健康"就能助长健康行为。诸如此类的研究似乎暗示着，漫不经心好像是个好东西，因为它使得积极启动能够如此容易地影响我们。问题在于，启动的无意识影响也会让我们付出代价，在漫不经心的时候，我们无法控制其效果。

这一点可以从不健康的快餐的风靡中看出来。麦当劳提供几种沙拉、酸奶以及麦片作为甜品供顾客选择。然而，麦当劳之类的快餐店在我们身上启动的是汉堡包和炸薯条。尽管菜单上有健康食物，但是，麦当劳的名字、汉堡包的香味以及所有与快餐有关的东西，都能启动我们去吃汉堡包和炸薯条，而不是比较健康的食物。有人做过一项研究，调查人们对食物的态度，结果发现：环境确实能够启动人们漫不经心地联想起某些食物；当人们的关注焦点是食物的味道有多好的时候，他们更喜欢汉堡包和炸薯条；同样，当人们的关注焦点是健康的时候，他们更喜欢比较健康的食物，而且对低脂食物的喜欢程度远远超过高脂食物。研究还发现，人们越渴望汉堡包、炸薯条之类的食物，就越是会感到饥饿，而且对与健康有关的好处就越不感兴趣，并且容易仅仅根据味道选择食物。麦当劳一直做着汉堡包和炸薯条的生意，所以人们自然而然地把它和不健康的快餐食品联系到了一起。增加沙拉和其他一些比较健康的食品，也许能够减少我们对快餐店的批评，但不太可能改善我们的饮食习惯。就像这些研究者所指出的那样，我们对食物的选择，经常取决于在即将吃饭以前，我们是走过一条两边都是好餐馆、飘满美食香味的街道，还是经过一家健身馆或者一个沙滩装广告牌。

巴巴·希夫（Baba Shiv）、齐夫·卡蒙（Ziv Carmon）和丹·艾瑞里做过一项精彩而有趣的研究。他们以一家健身馆的会员作为被试，在被试开始例行的锻炼之前，让他们喝一种饮料，并且告诉他们这种饮料能够提神。被试被分为两组，一组被试被告知，饮料的价格是 2.89 美元一瓶；另外一组被试被告知，饮料一般卖 2.89 美元一瓶，但是因为他们买的多，所以可以为其打个折，每瓶只卖 89 美分。同"正常价格"组相比，"降价"组的被试对锻炼强度评分较低，对之后的疲劳程度评分较高。也许在一般情况下，越贵的东西意味着越好，但是在该实验所描述的那种情况下，昂贵启动让人付出了不必要的代价。

丹·艾瑞里、巴巴·希夫和丽贝卡·瓦贝尔（Rebecca L. Waber）还做过另外一项设计巧妙的研究。他们这样描述一种药丸：新型"鸦片类镇痛剂"，获得了美国食品药品监督管理局（Food and Drug Administration）的认可，药理和可待因类似，但是见效更快。一半的被试被告知，该药卖 2.5 美元一粒；另外一半的被试被告知，该药降到了 10 美分一粒。结果，研究者发现，当他们把药丸的价格说得较贵的时候，被试报告的镇痛效果较好，尽管所有被试服用的都是同一种药丸。

把价格放到一边不谈，安慰剂效应也许是启动效应的最好例子。我们假定一粒药丸能让我们好转，这样一来，药丸就启动了健康，即使药丸里面装的是惰性物质。探究安慰剂是怎样起作用的，本质上就是探究我们的心灵是怎样影响我们的身体的。如果我们把心灵看作独立于身体的实体，那么，要理解安慰剂效应之类的现象，就需要弄清楚心灵和身体是怎样交流的。然而，心灵和身体并非一直被看作相互独立的部分，在历史上的某些时期，身心二元论并不盛行，有些文化也不信奉身心二元论。实际上，直到今天，非洲南部卡拉哈里沙漠的布须曼人还认为身心是一体的：其治疗生理失调和心理失调的方法是一样的。他们有一种整夜跳舞疗法，这种疗法被用来处理各种问题，从婚姻问题到感冒，再到奶水不足。在治疗过程中，他们关注的是整个人，而不是单一的心灵或者身体。不幸的是，只有在这类偏远的部落里，我们才能看到这种非二元论。

在很长一段时间里，心理学都从二元论的视角看待身心关系。直到 19 世纪末期，心理学才从哲学中分化出来，并从哲学家那里承袭了有关心灵的主张。一般观点认为，身心二元论始于笛卡尔。笛卡尔认为，心灵是非物质的，身体是物质的，只有身体才受到物理规律的支配。尽管有很多人试图批判这种看法，但是，我们大多数人还是用这种二元论的方式看待自己。

这不仅仅是一个语义学问题或者学术理论问题，身心彼此独立的看法有着严重的现实后果。我们区分生理疾病和心理疾病的做法是有问题的；我们不该将身体和心灵割裂开来，也不该企图把它们其中的一个还原成另外一个，更不该把它们看作两个不同但"相关的"实体。

心理学家赫伯特·莱夫库特（Herbert Lefcourt）讲过一个故事，我在此把这个故事分享给大家。一个长期住在福利院的女人一直不说话，这种状态持续了近10年，直到她因为自己所住的那层楼要翻新而搬到另外一层楼去住。她原先一直住在第三层，在福利院病人们的眼中，住在第三层意味着无法康复，意味着没有希望。她的新房间在第一层，这层住的通常是那些即将出院的病人，住在这层的病人享有一些特权，包括在医院的空地及附近的街上自由走动。

在组织病人搬家之前，福利院的工作人员给病人做了体检。体检结果表明这个女人非常健康，尽管她不说话、不愿与人接触。令她的医生大为吃惊的是，搬到第一层并享受了一些特权之后不久，这个女人对工作人员及其他病人有了反应，又过了不久，她开始说话了，而且变得非常合群。不幸的是，第三层的翻新工作很快结束了，这个女人不得不搬回第三层——没有希望的第三层，不到一个星期，她就崩溃了，然后死了。尸检结果表明，她的死亡没有明显的医学原因，尽管有些人说她是绝望而死。

如果我们把心灵和身体看作一个单一实体的不同部分，那么，有关安慰剂效应的研究就具有了新的意义。这意味着，我们不仅可以控制自己的大部分疾病体验，而且也许还能拓展我们获得健康、恢复健康或者增进健康的能力。

安慰剂效应的表现形式通常是，一个单一的词语激活了一整套丰富的心理定势。我和我的学生们做过一项研究，以考察我们大多数人都有的一个心理定势：空军飞行员有着超好的视力。我们将被试分为两组，一组为实验组，另一组为控制组。对于实验组的被试，我们先让他们完成一项视力测试，然后鼓励他们参与扮演"空军飞行员"的游戏——让他们穿上空军飞行员制服、坐上飞行模拟器，并且让他们阅读附近一架飞机机翼上的字母，这些字母实际上是视力检查表的一部分。对于控制组的被试，我们也是先让他们完成一项视力测试，然后让他们坐上飞行模拟器，不过只是让他们阅读视力检查表上的字母（控制组被试到视力检查表的距离和实验组被试到附近飞机机翼的距离一样）。结果，与控制组被试相比，实验组被试的视力有了更大的改善，因为他们扮演了飞行员，激活了与"飞行员"有关的心理定势，所以启动了好视力。

最近，我的实验室的三个成员，马加·迪基奎克、迈克尔·皮尔逊（Michael Pirson）和阿林·马登斯（Arin Madenci）与西蒙斯大学护理系的丽贝卡·多诺霍（Rebecca Donohue）合作，继续从事有关视力的研究。视力检查表一般被设计成这样的：最上面的一排字母最大，越往下越小。既然视力测试一般是自上而下进行的，这就在无意间让我们产生了一种期待：到了某一排，我们将看不清。如果把视力检查表反过来，也就是说，最上面的一排字母最小，那情况会怎样呢？现在，我们的期待变了。在这种情况下，我们会期待：我们很快就能看见。使用重新设计过的视力检查表检查被试的视力，发现其视力确实变好了，他们能够看清以前在标准视力检查表上看不清的字母。在重新设计过的视力检查表上，除了一个被试以外，其他所有被试都能够看清的最小字母的大小，是其在标准视力检查表上能够看清的最小字母大小的十分之一。还有一件有趣的事情就是，被试认为他们在标准视力检查表的测试中表现得更好。这说明，我们通常看不见自己没有期待的事物。

我们观察到，人们一般认为，他们能够轻易地看清视力检查表的前几排，从这一点出发，我们试着用另外一种方式重新设计视力检查表。最后，我们做了一个新的视力检查表，其第一排的字母和标准视力检查表第三排的字母一样大，其第二排的字母和标准视力检查表第四排的字母一样大，以此类推。然后，我们用这个视力检查表检查被试的视力，发现他们的表现比其在标准视力检查表测试中的表现好很多——他们能够看清以前看不清的字母。

如果一个人说他的视力很差，比方说是 20/40[①]，这是什么意思呢？期待他在任何情况下都看得同样清楚或者同样模糊，这样的期待真的合理吗？不管他有多累、多饿或者多生气？不管他所看的对象在什么情境下出现？看移动的目标和看静止的对象是一样的吗？看某种颜色的物体和其他颜色的物体是一样的吗？看熟悉的东西和看新奇的东西是一样的吗？我认为，情况不同，其看到的目标的清晰程度自然不同。

也许有很多方法可以改善我们的视力。实际上，心理学家达夫妮·巴韦利埃（Daphne Bavelier）和肖恩·格林（C. Shawn Green）发现，玩电子游戏可以改善视觉技巧。有趣的是，他们把视觉技巧的改善归因于不确定性——将要发生什么事情以及将在什么时候发生。当不知道期待什么的时候，我们就会保持专念。

如果期待能用这种不同寻常的方式影响我们的视力，那么它也许还能用同样的方式影响我们的听力。汤姆·米库奎斯（Tom Mikuckis）——我的实验室的另外一名成员，打算参照视力研究对此进行检验。我们使用新南威尔士大学提供的在线听力测验——"等响曲线和测听术"（equal loudness contours and audiometry）——作为听力测试的工具。每个被试都被测试了两次，一次为控制测试，另一次为实验测试，两次测试间隔一星期。每次测试都让被试听两个声音系列：一个声音系列，声音从强到弱播放，每级相差 6 分贝，连续播放三次；另外一个声音系列与第一个声音系列的区别是声音从弱到强播放。每次听到声音，被试就要指出来。在视觉研究中，被试一开始就知道视力检查表反过来了，为了使听觉研究

---

① 欧美国家常用分数表示视力，20/40 大约等于小数视力 0.5。——译者注

在这一点上和视觉研究更接近，我们在实验测试开始前就告诉被试声音系列将以什么顺序播放。我们对声音系列的播放顺序进行了控制，以消除练习效应（practice effects）。我们还在声音系列当中穿插了一些无声点，以确保被试所有的反应都是真实的。就像在视觉研究中一样，我们发现，当声音系列从弱到强播放时，被试怀有期待（在实验测试中，被试知道即将听到声音）所能听到的最小响度比没有期待（在控制测试中）所能听到的最小响度要低一级。在 21 个被试当中，有 14 个被试表现出了这种效应。就像语言可以作为启动线索一样，我们的期待也可以。它们能对我们的身体——包括看的能力和听的能力——产生可以测量的影响。

安慰剂效应存在的普遍性远远超过了我们很多人的想象。它有很多种表现形式：我们让被试接触无毒的常青藤，但是告诉他们常青藤有毒，结果，他们真的出了疹子；我们让被试喝一种不含任何提神物质的饮料，但是告诉他们饮料里面含有咖啡因，结果，他们的运动成绩和心率都提高了（被试还表现出其他一些他们认为喝了咖啡因后会有的反应。实际上，从饮料所含成分的药理作用来看，这些反应根本不该出现）。赫伯特·本森（Herbert Benson）和小麦科利（D. P. McCallie Jr）研究过几种治疗心绞痛（一种非常严重的胸痛）的安慰剂疗法的效果，结果发现：当病人对这些疗法持有相信态度的时候，其效果是 70%~90%；当病人对这些疗法持有怀疑态度的时候，其效果只有 30%~40%。心理学家艾伦·罗伯茨（Alan Roberts）、唐纳德·邱曼（Donald Kewman）、莉萨·默西埃（Lisa Mercier）和梅尔·霍维尔（Mel Hovell）考察了"做"（undergoing）球切除术（一种安慰剂手术）对溃疡病人的效果，结果发现：病人越相信这种疗法是有效的，其实际效果就越好。

欧文·基尔希（Irving Kirsch）和盖伊·萨皮尔斯坦（Guy Sapirstein）对 2318 名服用抗抑郁药治疗抑郁症的患者进行了分析，结果发现，就患者的治疗效果来看，25%要归因于实际药效，25%要归因于抑郁症的自然病程，50%要归因于安慰剂效应。其他一些研究也指出，在医生所开的药物及其他疗法产生的效果中，65%也许要归因于安慰剂效应。

尽管安慰剂效应被证明具有难以置信的辅助治疗作用，但是，就像启动效应一样，它也是一把双刃剑。当消极的期待被消极的结果证实的时候，就会发生一种和安慰剂效应相反的现象：反安慰剂效应。让我们以癌症诊断为例说明一下。美国人有一个非常常见的心理定势，那就是坚信癌症意味着死亡。一旦一个人被诊断为癌症，他就很难把自己看成一个健康的人，即使癌症还没有对他的身体功能造成任何影响。然而，那些患有癌症但是没去检查或者没被检查出来的人，却认为自己是健康的。被诊断为恶性肿瘤的人也许会过早地死亡（即使按照癌症的正常病程，这个人也不该这么早死去），这似乎表明，仅仅是期待死亡就会加速死亡的到来。

语言启动安慰剂效用的最具有戏剧性的例子也许就是逆时针研究。这项研究用语言启动被试，让静修居所的老年人用现在时谈论过去。当语言让实验组被试的心灵处于一种更健康的状态时，他们的身体也跟着变得更健康了。

心灵健康，身体才能健康

最近，我和我的学生阿里·克拉姆（Ali Crum）从一个不同的方向演绎了“把心灵置于健康状态，从而给身体带来积极的影响”这一观念。有件事情让我们很好奇：锻炼给健康带来的好处，是否应该部分或者全部归因于“锻炼有益于健康”这一心理定势？为了帮助大家理解我们这一发现的潜在重要性，在呈现惊人的发现以前，我们先带大家去看看最近的一些有关锻炼对健康有什么好处的研究。

今天，有28个国家人口的健康预期寿命超过了美国（最高的是日本，超过美国大约 5 年）。这是什么原因呢？美国人怎样做才能变得更加健康呢？很多人认为，如果我们改变老是坐着的习惯，也许会变得更加健康。有关锻炼与身体健康的系统性研究始于 20 世纪 50 年代，关注焦点是职业劳动。第一项正式的实证研究是由伦敦皇家医学院（London Hospital Medical College）的第一位社会医学教授杰里米·莫里斯（Jeremy Morris）医生牵头做的。他与同事一起，比较了双层巴士汽车司机和售票员的心血管健康状况，结果发现，同成天坐着的司机相比，老是上下楼梯的售票员的心脏病发病概率明显较低。这项研究为医学研究开辟了一个新领域，之后，有关锻炼对健康影响的大量研究如雨后春笋一般涌现了出来。

已经有研究证明，运动能够降低早亡风险。有人做过估计，美国每年大约有 250 000 例死亡是由于缺乏运动所致。确实，有几个纵向的相关研究也指出，那些报告说自己较少进行运动的人或者心血管健康基线水平显著较低的人的死亡率较高。这些研究具有提示性，因为它们都不是控制严格的实验。话虽如此，1962 年，有一项研究从哈佛校友里选了一些久坐的中年男性进行调查，并于 11 年后进行了一次追踪调查，结果发现，那些经常进行中等强度运动的人的死亡率低至 23%。更近一些，一项研究调查了 7 000 多位年龄在 29~79 岁的男性和女性，结果发现，运动量越大（不超出中等强度范围），死亡风险越低。人们罹患糖尿病、癌症、冠心病、高血压、骨关节炎、与肥胖有关的疾病的风险的降低都被证明和锻炼有关。在心理疾病方面，比如压力和抑郁，有研究也获得了类似的发现。这样看来，锻炼与健康当然有关系。

1995 年，美国疾病控制中心（CDC）发布了一个报告，该报告在回顾了大量文献之后，为所有美国人制定了一套新的指南：每个成年人每天最好进行 30 分钟或者更长时间的中等强度的运动。

研究指出，每天的运动不一定非得一下子做完，可以一次做一点儿，累积起来达到一定的量就行。尽管给出一个具体的数值并不合适，但研究指出，每天最小的或者说最合理的运动消耗热量应该在 150 千卡左右。很多运动做上一会儿都可以达到这一数值，比方说，步行 30 分钟，或者打扫树叶 30 分钟，或者跑步 15 分钟。在为该报告所做的序言中，美国健康和公共事业部（Health and Human Service）秘书长唐娜·沙拉拉（Donna E. Shalala）做了总结，她说，为了享受锻炼的好处，我们不必像职业运动员那样锻炼，只要做一些日常活动就好，比方说，每天花上至少 30 分钟的时间步行或者骑自行车，或者是整理花园，都可以改善我们的健康。

运动可以改变很多不同的生理路径——新陈代谢的、激素的、神经的、机械的，可以影响我们身体的各个组织。报告总结了在美国范围内收集数据的五项调查研究的结果，结论如下：

- 大约 15% 的美国成年人会在闲暇时间有规律地（每周 3 次，每次至少 20 分钟）从事剧烈的运动；
- 大约 22% 的美国成年人坚持在闲暇时间有规律地（每周 5 次，每次 30 分钟）从事任何强度的运动；
- 大约 25% 的美国成年人在闲暇时间不从事任何运动；
- 不做运动的现象，在女性中比在男性中普遍，在黑人和西班牙裔人中比在白人中普遍，在老年人中比在年轻人中普遍，在穷人中比在富人中普遍；
- 美国成年人在闲暇时间最喜欢做的运动是步行和园艺（或者说整理庭院）。

美国人之所以给人一种一直久坐不动的印象，其中一个原因在于，很多研究在测量运动量的时候并没把所有的体力活动都考虑在内。在工作人口当中，白领劳动者越来越多，对这部分人来说，锻炼指的是工作之外的活动。因为研究一般是白领劳动者做的，所以很多研究没有想到有的工作也是一种锻炼。例如，在美国疾病控制中心 1996 年的报告中，用于说明美国人锻炼情况的调查研究，考虑了在休闲时间从事的体力活动以及特意去从事的体力活动，而没有考虑家务活动（打扫、搬运之类的家务活也属于体力活动），这也许解释了为什么同男性相比，符合锻炼标准的女性更少。这些调查研究也没有把工作中的体力活动考虑在内，这也许解释了为什么西班牙裔美国人、黑人、穷人没有进行足够的"锻炼"（他们大多数人所从事的就是非常辛苦的体力劳动，所以在下班之后没有时间也没有精力去锻炼）。数据表明，他们需要锻炼。另一方面，如果我们能够启动锻炼观念，那么，这些人能够在不改变日常习惯的情况下从中获益吗？锻炼观念可以起到安慰剂的作用吗？

尽管在今天，许多人从事的都是需要久坐的工作，但还是有些职业能够让人们在工作过程中进行很多运动。例如，宾馆客房服务员，每天平均要打扫 15 个房间，每打扫一个房间需要 20~30 分钟，期间要完成推、够、弯、举之类的动作。因此，客房服务员的运动量实际上满足甚至超过了医生对健康生活方式的一般要求。然而，尽管这些女性的实际运动量很大，但调查统计结果却显示，她们的健康状况却非常糟糕。从血压、体重指数、身体脂肪率、体内含水率以及腰臀比（这些可都是重要的健康指标）来看，她们的身体似乎处于一种十分危险的状态。

客房服务员往往漫不经心地认为，锻炼和工作是不同的、相互独立的，这正好为我们提供了一个看看能否通过启动锻炼观念来改善她们的健康状况的机会。2007 年，当我和阿里·克拉姆决定研究这个群体的时候，我们必须先确定一件事情：这些女性一开始并没有把自己的工作看作锻炼。于是，在进行正式研究之前，我们做了一次调查，结果发现，在她们当中，有三分之二的人报告说自己没有进行有规律的锻炼，大约有三分之一的人报告说自己没有进行任何锻炼。尽管这些女性每天的体力活动量都达到了要求,但是,她们却没有意识到自己的工作就是在锻炼身体。如果我们改变她们的态度,那么,她们能够享受到锻炼的好处吗?

我们首先问的是:"女性客房服务员大体上有多健康?她们从事的体力劳动与其实际健康状况有着什么样的关系?"我们进一步问的是:"她们有没有意识到其日常工作就是在锻炼身体?"为了回答上述问题,我们找了7家宾馆协助我们进行研究,并随机将其分配到以下两种条件下。

在实验组条件下,为了让客房服务员明白她们每天在工作中进行了足够的锻炼进而享受到了锻炼的好处,我们给她们发了一个布告。该布告讨论了锻炼的好处,并且告诉她们,她们每天在收拾房间时就是在做运动,运动量满足了美国疾病控制中心所提倡的健康生活方式对运动量的要求。该布告用英语和西班牙语两种语言写成,由一个不知道研究假设的实验者宣读并解释给客房服务员,然后贴在客房服务员休息室里的信息公告板上。

我们还告诉被试,为了找到改善她们健康的方式,我们想收集她们的健康信息。为了感谢她们的帮助,我们会把我们在健康与幸福感方面的研究结果分享给她们。她们不知道,这些信息与我们对她们实施的生理测量有关。

在控制组条件下,客房服务员也受到了基本相同的对待,唯一的不同之处是,我们没有告诉她们,其工作本身就是在做运动(我们后来把这方面的信息告诉了她们,不过是在第二轮测量结束后)。

研究被试通过宾馆招募。研究一开始,我们首先测量了被试的几项健康指标,包括体重和血压。为了防止控制组被试和实验组被试互相交流信息,我们把来自同一家宾馆的所有被试都安排在同一条件下。总共有84个被试。

我们分别给每家宾馆的被试开了一个小时的会，告诉她们，我们的目的是研究改善宾馆从业女性的健康并提高其幸福感的方式。我们让她们每人回答一份问卷，在她们回答问卷的过程中，我们让她们一个一个地到另外一个房间做体检。这之后，我们为实验组的被试做了一个简短的报告，主题是，她们的工作就是一种很好的运动方式，性质与人们在健身房所做的运动差不多。四个星期后，我们回去做跟踪测量。我们向所有的被试问了很多问题，把能够想到的问题都问了，目的是弄清楚，在这四个星期中，她们的实际行为有没有发生变化。我们还让被试报告：在其看来，同一般的主妇相比，她们的工作有多累。

我们发现了什么？四个星期后，实验组被试感知到的锻炼量增加了，而控制组的被试则没有。在实验组中，报告说自己在进行有规律的锻炼的被试的百分比增加了一倍多。除了一个被试以外，实验组所有的被试都报告说自己至少做了一些锻炼。然而，实验组被试和控制组被试的实际锻炼量都没有增加。

由此看来，我们的指导语被理解了。那么，我们的实验处理有没有起作用呢？

实验组被试原先不知道自己的工作就是在锻炼身体，现在意识到了，心理定势的转变使得她们的身体状况有了明显的改善。在知道自己的工作就是很好的运动方式仅仅四个星期之后，实验组被试的体重平均减少了大约2斤。除了体重减少以外，她们的身体脂肪率也有了显著的下降。另外，她们的体内含水率上升了，这意味着：首先，其体重的减少不单单是体内水分的减少引起的；其次，其肌肉也许增多了（肌肉的含水率比脂肪高），这使得体重减少2.7%这一结果更有意义（因为肌肉所占的比重比脂肪大）；最后，控制组被试与实验组被试有很大的不同，她们的体重和身体脂肪率都增加了，两相对比，使得我们的发现更有说服力了。在血压方面，实验组被试的收缩压下降了 10 个点,舒张压下降了 5 个点,这种变化是显著的。

尽管这些作为被试的女性的身体不健康的原因有很多,包括遗传因素和饮食习惯,但是,我们研究的关注点是锻炼。再强调一次,这些女性原先并没有把自己的工作看作锻炼:在实验刚开始时,三分之二的被试报告说她们没有进行有规律的锻炼,大约三分之一的被试报告说她们根本没有进行任何锻炼。

我们需要指出的重要的一点是,尽管实验组被试报告说她们进行了更多的锻炼,但是,她们并没有报告说其在工作之外进行了哪些额外的锻炼。实际上,她们报告说,她们在工作之外的运动量减少了,她们更少从事跑步、游泳或者仰卧起坐之类的运动了。她们上下班所走的路不比原先多,她们所做的体力活也不比原先多。另外,其主管提供的信息表明,在整个研究过程中,她们的工作强度始终保持稳定。她们前后两次报告的运动量不同,不是因为她们的实际运动量发生了变化,而是因为我们在干预过程中提供给她们的信息让其心理定势发生了转变。

传统健康学认为,体重和体内脂肪减少,说明一定发生了什么生理生化事件。对于血压,传统健康学认为,锻炼有益于降低血压是因为在锻炼过程中周边血管开始扩张,而且,长期锻炼身体,可以减弱交感神经系统的活动水平,进而有助于控制血压。对于体重,传统健康学认为,锻炼可以通过增加非静息能量消耗来减少体内脂肪。如果能量消耗量超过了卡路里摄入量,体重就会减轻;理论上,脂肪每减少 0.9 斤,就需要消耗 3500千卡多余的能量。如果情况确实如此,那么,心理定势的变化(感知到的锻炼量增加)是怎样启动这些生理变化的?

怀疑主义者会说,尽管我们得到了这样的结果,但是,感知到的锻炼量和健康之间的关系也许受到了行为变化的调节。例如,心理定势的变化可能会刺激实验组被试改变自己的饮食和物质滥用习惯。然而,以前的研究发现，这类行为很难改变。如果实验组被试的饮食和物质滥用习惯确实发生了改变，那么，我们的研究结果将会变得很有意思。相反，考虑到大量研究表明这类行为很难改变，再考虑到本研究的被试报告说并没有发生上述变化，我们认为，心理定势的变化所引发的健康方面的变化，其机制可能和安慰剂效应一样。

我们无法用身心二元论解释诸如此类的变化，因为身心二元论否认心灵会直接影响身体。这种二元论没有留下什么可以帮助我们理解和解释诸如安慰剂效应之类现象的概念性工具，而安慰剂效应之类的现象是确实存在的，我们无法否认。传统医学模型尽管一般不把身心看作一体，但是却很少否认压力反应、性反应、恐惧反应以及厌恶反应不仅有心理上的表现，而且也有身体上的表现。这似乎也说明，我们在疾病和健康方面的心理定势会对自己的身体产生强大的影响。

至于研究期间实验组客房服务员的生理生化水平发生了什么变化，我们不得而知。如果能据此对实验结果加以解释的话自然最好，不过，即使不能做出这种解释，也并不意味着我们不能做些什么来改善自己的健康。说到这里，我们不得不提及蒂娜·斯科尼克·韦斯伯格（Deena Skolnick Weisberg）、弗兰克·凯尔（Frank C. Keil）、乔书亚·古德斯坦（Joshua Goodstein）、伊丽莎白·罗森（Elizabeth Rawson）和杰里米·格雷（Jeremy R. Gray）一起所做的一项研究。其论文的题目就说明了一切：《神经科学解释的神奇魅力》（*The Seductive Allure of Neuroscience Explanations*）。研究者以认知神经科学课堂上的学生以及没有神经科学背景的人为被试，向他们呈现了一些研究发现及相关解释，让他们判断这些解释有多好。结果发现，如果解释参考了神经科学里面的东西（里面含有诸如"因为额叶脑神经元回路"之类的话语），即使所参考的东西和研究发现并不相干，被试也认为解释更加可信。

尽管我们没有做过这样的研究，但是我们可以问一下，当人们把自己看作锻炼者而实际上并没有进行锻炼的时候，会发生什么？当打算去锻炼身体的时候，我觉得自己更健康，即使我并没有做多少时间的运动。事实上，我把远离冰箱的那段时间看作在锻炼身体，但这是两码事。我们怎样看待某样东西，真的能决定这样东西会对我们的身体产生什么影响吗？例如，那些没有因为食用代糖食品而瘦下来的人，内心真的认为自己在吃糖吗？如果想象自己在吃糖果，我们体内的血糖水平真的会升高吗？想着自己呼吸的是清新空气，我们的呼吸能力真的会变强吗？认为自己会被传染，我们真的就会生病吗？

今天，很多人选择做整容手术。如果把以上研究发现应用到此类事情上，我们就会产生一个非常有趣的想法：如果认为自己看起来年轻了，那么，我应该真的会变得年轻，不管用什么作为年龄指标。此外，我也许会进行更多的锻炼，这会进一步让我变得年轻。我也许还会认为，进行更多的锻炼是因为年轻人都这么做。在这种情况下，虚荣心或许真的有用。

回到 20 世纪 70 年代，那时，心理学家杰拉尔德·达维仁（Gerald Davision）和斯图亚特·瓦林斯（Stuart Valins）做过一项研究：在不同条件下对被试实施电击，并记录被试愿意承受多大的痛苦。研究者先给被试一粒药丸（实际上是安慰剂），告诉被试这粒药丸能够帮助人们更好地承受痛苦；然后对被试实施电击，记录下来被试愿意承受多大的痛苦。电击装置的设计原理是：让每个被电击的人都认为自己实际承受的痛苦没有超过自己所能承受的痛苦的极限。接着，研究者告诉一半的被试他们刚才服用的实际上是安慰剂，告诉另一半被试他们刚才服用的药丸的药效现在已过。最后，研究者再次对所有被试实施电击，以看看这次他们愿意承受多大的痛苦。被告知自己服用的药丸是安慰剂的被试，把他们刚才的超常表现归因于自己而不是药丸，与另外一半被试相比，他们这次能够承受更大的痛苦。如果我们给某人开了一种安慰剂治疗她的某些症状，在她的这些症状消失之后，我们告诉她其原先服用的是安慰剂，那么她就会知道症状的消失要归因于自己。这个发现可以推广吗？我认为可以。我们会发生什么变化呢？我认为，我们会留意并且尝试利用自己的身体透露给我们的细微信息。

现在，大部分人都知道，安慰剂可以有效地治疗很多疾病。如果某项研究发现一种药物能带来 90% 的改进，而安慰剂只能带来 30% 的改进，那么，该药物就会被视为有效。这类研究遗漏了一点：没有比较药物和安慰剂各自的副作用。安慰剂没有消极的副作用，而大多数药物都有很大的副作用。当然，弄清怎样让副作用较小的物质发挥强大的药力，是非常值得的。实际上，我们真的需要安慰剂药丸吗？

看起来，安慰剂是个好东西。我们在接受一种药丸时，一起接受的还有一句"它是有效的"谎言，如此一来，我们就采取了一种有益的心理定势，并且治好了自己，然后把我们的康复归因于药丸（不可能是药丸治好了我们，因为它毕竟是安慰剂）。认识到当安慰剂起作用的时候，是我们自己在控制自己的健康；相信我们自己能学会直接地控制自己的健康，这样会不会更好？

社会心理学家非常喜欢说我们的行为很大程度上是由我们所处的情境决定的。例如，我们在图书馆里的表现就与在足球比赛场上的表现有很大的不同。情境可以发挥启动作用。然而，社会心理学家很少提及的是，谁在控制情境？既然可以从很多角度去看待同一情境，而且，既然情境可以控制我们的行为，那么，我们想表现成什么样，就可以选择一种支持我们表现成这个样子的情境。我们可以把情境区分成有益于健康的和无益于健康的两种。

我和劳拉·许（Laura Hsu）、加伍·钟（Jaewoo Chung）收集了很多

档案资料，希望找到进一步的证据证明我们的心灵能够对身体产生影响，也希望找到更加直接地控制我们健康的方法。就像我们已经看到的那样，消极老化刻板印象可以直接或间接地启动老年人的能力衰退，同样，如果没有它们，则可以启动老年人的能力改进。这里，我们想要检验的一般假设是：当我们处在一种启动老年的情境中，是否会老得更快？考虑到人们认为着装应该与年龄相称，所以我们想以穿衣为例，看看衣着是否会对我们的年龄产生影响。想象一下，一个 60 岁的女人在试穿超短裙。在大多数情况下，人们会强烈建议她不要买超短裙，但是，我们要把 60 岁的女人穿超短裙看作一件平常的事情。

　　同日常衣服相比，有些制服老少皆宜，不怎么受年龄的限制，于是我们这样推理：穿制服上班的人所接触的年龄线索不如穿自己衣服上班的人多，因此，前者比后者更健康。为了检验这一推理，我们找到了美国国民健康访问调查（NHIS）所收集的 1986—1994 年的调查结果，分析了 206 种职业从业人员的健康资料，结果发现，同那些薪水相同但不穿制服的人相比，那些穿制服的人确实更健康，后者因为生病或者受伤而误工的天数更少、看医生的次数更少、住院治疗的次数更少、自我报告的健康状况更好、患慢性病的概率更小。

　　接下来我们想考察，对于中产阶层和中上阶层来说，衣着的年龄启动效应是否更强。我们这样推理：如果富人因为买得起衣服而在着装上更富变化并且更频繁地更新自己的衣柜，那么，他们应该体验到更多的与年龄有关的线索，这样，对于高收入阶层来说，制服效应应该更加突出。确实，我们发现，在其他条件相同时，穿制服的人比不穿制服的人更健康，而且随着收入水平越来越高，这一对比也越来越明显。

　　数一数高端百货商场诺德斯特姆（Nordstrom）和中端百货商场西尔斯（Sears）分别有多少个品牌、多少种样式的牛仔裤和衬衫，对比一下就能发现显著的差异。诺德斯特姆有 38 个不同品牌的牛仔裤，10 种不同的裤型（例如靴型裤、喇叭裤）；西尔斯有 17 个不同品牌的牛仔裤，5 种不同的裤型。诺德斯特姆有 930 种不同样式的衬衫，西尔斯有 560 种不同样式的衬衫。诺德斯特姆的商品、品牌和样式更多，这意味着购买潜力更大的人拥有更多选择。既然衣服是地位的象征，那么，越有钱就意味着越有能力紧跟时尚潮流。对于高收入阶层来说，制服也许可以起到"缓冲"作用，让他们暂时忽略自己的年龄。

为了检验这一想法，我们还研究了过早秃顶的人。秃顶是年老的线索，我们据此预测，年纪轻轻就秃顶的人也许认为自己比实际年龄显老，进而老得更快。我们发现，同那些没有秃顶的人相比，那些过早秃顶的人更有可能被诊断出前列腺炎，也更有可能患上冠心病。当我们把这一发现讲给别人听时，有人认为这一结果可能是由过早秃顶的人和没有秃顶的人之间的激素差异造成的。后来，我们咨询了几名医学专家，询问他们怎样理解过早秃顶和前列腺炎之间的关系，但是，他们当中没有一个人能够给出解释。

接下来，我们研究了那些在年纪较大时生养孩子的女性。我们预测，因为她们被较年轻的线索包围着，所以她们应该活得更长。我们发现，同那些在较年轻时生养孩子的女性相比，她们的预期寿命更长。考虑到不管一个人在什么年龄做父母，生养孩子都是一件很累很辛苦的事情，你也许会在这里作出相反的预测。

最后，我们比较了那些年龄差距在 4 岁以上的夫妻和年龄差距在 4 岁以下的夫妻。在前者当中，较年轻的一方被较年老的一方提供的"较年老的"线索包围着，因此，我们预测他们的寿命更短。相反，较年老的一方被较年轻的一方提供的"较年轻的"线索包围着，因此，我们预测他们的寿命更长。我们发现，正如预测的那样，与比配偶年老很多的人相比，比配偶年轻很多的人的预期寿命更短。

有些情境似乎是典型的老年启动线索。如果处于这种情境中，我们可以选择关注那些最能为我们所用的线索，而不是漫不经心地任它们启动我们做不了自己力所能及的事情。

人们的心理状态也可能和所处的情境有关。比如，疲劳程度可以看作一种心理建构，如果情境线索告诉我们"应该"觉得累，我们也许就会觉得累，累的程度会超过没有此类"疲劳"线索的时候。多年以前，我和我的学生非正式地检验过这个假设。我们给一个班的学生布置了一份作业：回去让你的朋友做 100 个跳爆竹（一种运动姿势），看他跳到多少的时候会喊累。我们给另外一个班的学生布置的作业是：回去让你的朋友做 200个跳爆竹，看他跳到多少的时候会喊累。结果，两个班的学生都回来报告说，他们的朋友跳到三分之二的时候会喊累，也就是说，前面那组跳到65~70 个的时候会喊累，后面那组跳到 130~140 个的时候会喊累。在另外一个实验中，我们让两组人打字，一组人的任务量是一页，另外一组人的任务量是两页。我们给他们使用的文字处理程序不会指出他们的拼写错误，这样他们就能不间断地打下去。结果，第一组人在任务完成到三分之二的时候，也就是打到一页的三分之二时犯的错误最多；第二组人的任务量尽管是第一组人的两倍，但他们也是在任务完成到三分之二的时候，也就是打到两页的三分之二时犯的错误最多。

这是怎么回事？我认为，我们给任务强加了一种结构，在心中把任务分为开始、中间、结束三部分。在距离任务结束越来越近时，我们会觉得自己越来越累，这样的话，我们也许就能更加容易地离开这项任务，从而开始下一项任务。有些人做的事情之所以进展不顺利，也许是因为没有给任务划分好结构，或者是根本没有给任务划分结构。

在日常生活中，到处可见情境线索启动疲劳的例子。比如，上了一天的班，我们也许会感到筋疲力尽，只剩下回家睡觉的力气。确实，下午 3 点的午茶时间也许就是这个"三分之二效应"（two-thirds effect）发挥作用的结果。尽管如此，重要的是认识到，我们视之为真的身体极限，其大部分也许就是学习的结果。我们习得了诸如开始、中间、结束之类的概念，于是，我们的身体就有了相应的表现。

第七章　医生的话比癌症更可怕

智慧迷失在知识中。

——艾略特（T. S. Eliot）《岩石》（*The Rock*）

    1979 年，我的母亲死于乳腺癌，那时她才 56 岁。至少，医疗界是这么认定的。我现在仍然不确定。在母亲去世之前，她的癌症已经"缓解"。那么，是她体内迅速生出了另一癌症，还是同一癌症复发击垮了她？直到今天，我仍然不知道"缓解"到底是什么意思。然而，从心理上说，"缓解"和"治愈"是非常不同的两回事。语言具有一种神奇的力量，能够增强或者减弱我们的控制感。在同一情境下，不同的用词可以把我们的思维引向不同的方向。如果某人得了癌症，后来癌症消失了，我们说这人的癌症缓解了，意思是指同一癌症也许会复发。如果同一癌症没有复发，那么它是"缓解"了，还是已经被"治愈"了？

    现在，比较一下癌症用语和感冒用语。我们往往把每次感冒说成一次新的感冒。每打败一次感冒，我们就更加相信自己能够打败下一次感冒。一生之中，我们一般会感冒很多次，各次感冒一定有很多相似的地方，也一定有很多不同的地方。"这次感冒，先是嗓子痛；上次感冒，先是鼻子不通。"我们大多数人都十分擅长分析感冒的进程，但是，谁规定我们应该关注各次感冒的不同之处——就像我们大多数人所做的那样——而不是相似之处呢？我们大多数人根本看不到其中涉及的选择。在很小的时候，我们就被教导着要相信：每次新的感冒都和上次的感冒不同，但是，不管哪次感冒，我们都能掌控。有关这一点的心理证据是：上次感冒在我们身上停留了一段时间就走了，我们成功地打败了它。

然而，至于癌症，"缓解"意味着我们在等待"它"回来。如果"它"确实回来了，复发就被看作同一癌症的一部分。从心理上说，这会让我们觉得自己被打败了。每次和新的感冒做斗争，我们都在心中暗想："我以前打败了它，所以这次也能打败它。"然而，如果癌症回来了，我们就会这么想："它赢了。我终究没有'它'强大。"我们的语言会让自己看到各期癌症的相似之处，就像让我们看到各次感冒的不同之处一样。当然，相对于感冒，癌症要危险得多，所以，对待癌症，我们更有理由仔细考虑选择使用什么语言。

自从母亲去世后，我对医疗界的态度就非常矛盾。病得很重时，我也去看过医生，但是，我认为很多医生都低估了心理对健康的影响。正如我们看到的那样，心理学文献中充斥着大量有关放弃对健康造成严重危害的例子。即使这些实验数据并不像对我这样对所有人都具有说服力，但大家也明白，放弃会影响人们在健康方面的选择并且会使得人们不想再活下去。如果不管怎样，一个人都会很快地死去，那么，他为什么要劳神锻炼和吃药呢？是癌症杀死了我的母亲，还是我们用来描述癌症的语言让她选择了放弃？

我的一个朋友被诊断出患有乳腺癌，现在处于"缓解"状态。她有充分的理由相信自己好了，但即使这样，她还是很害怕。当我们谈论她的癌症的时候，与母亲的死有关的一切事件再次栩栩如生地浮现在我的脑海中。如果我的母亲能想到她的第二期癌症和第一期是不同的，最后是否会有不一样的结局？如果我们用"治愈"而不是"缓解"来描述我这个朋友的状态，她现在是否会更自在？

最近，我的同事艾琳·弗洛德尔（Aline Flodr）、谢利·卡森（Shelley Carson）和我一起考察了语言对癌症幸存者健康的影响。我们从新英格兰地区招募了 64 名被试，她们都得过乳腺癌，但是现在都处于一种稳定状态，并且都参加了"比赛治疗"（Race for the Cure）或者"迈向健康"（Making Strides Walking）之类的活动。我们让她们完成了几份健康问卷和一份专念量表，还问她们愿意把自己置于哪种状态："缓解"还是"治愈"。分析完结果之后，我们发现，同"缓解"组相比，"治愈"组报告的总体健康水平显著更高、身体功能更好、因为健康问题造成的角色限制更少、疼痛也更少。同"缓解"组相比，"治愈"组也倾向于感到精力更充沛、更少觉得累。在情绪健康方面，同"缓解"组相比，"治愈"组报告的心理幸福感更强、社会功能更好、抑郁水平显著更低。我们还发现，被试在专念量表上的得分越高，其报告的身体功能就越好、整体幸福感就越强、因为情绪健康问题造成的限制就越少，并且觉得精力更充沛，不管她把自己归于"缓解"还是"治愈"状态。总体来说，这些发现令人印象深刻。

把酗酒者所处的状态称作"康复中"而不是"已康复"，用语上的这一小小区别也能造成同样的效应。如果一个酗酒者连续 10 年滴酒未沾，认为这个人处于"康复中"好像比较奇怪。"康复中"一词，暗示着我们是自己所处状况的受害者，而且还暗示着我们对自己所处的状况无能为力。

医疗界告诉我们，酗酒者应该把自己所处的状态看作"康复中"而不是"已康复"，以提醒自己不该喝酒。然而，当一个觉得自己很强大的时候，也许更容易控制住自己不去喝酒。"康复中"暗示着你从未彻底解决自己的问题，而"已康复"则暗示着信心和力量。在我看来，一个人越觉得自己是强大的，他或她越不可能重犯不良行为。

如果我们把酒精中毒看作一种过敏而不是一种疾病，情况会怎样？如果一个人对酒精严重过敏，下次想喝酒时就会三思而后行。对贝壳类食物过敏的人一般不吃虾或软体动物。"过敏"一词暗示着过敏的人对自己的状况有着控制能力，而"疾病"一词则暗示着生病的人对自己的状况没有多少控制能力。

重新审视一下医学用语这一做法有着多方面的意义。例如，如果我服用百忧解或者百可舒，我的抑郁症状可能已经消失了，但是我仍然把自己描述成一个抑郁的人。我可能会认为服药是抑郁症状消失的主要原因，但是痛苦一直还在。然而，如果我服用阿司匹林治疗头痛，我就会相信自己的头痛真的"消失"了，即使它还会定期发作。

如果抗抑郁药治疗抑郁就像阿司匹林治疗头痛一样有效，在我看来，服用抗抑郁药的人就不该再把自己看成抑郁症患者。如果一个人没有抑郁症状，我们就应该得出这个人没有抑郁的结论，尽管他还在服用抗抑郁药。

我们所选用的标签可能既有正面影响又有负面影响。想一想维他命，即使它们被做成药丸的样子，而且可以用来缓解关节炎和疲劳之类的问题，但我们还是把它们看作"维他命"。在不生病的时候，我们服用"维他命"来保持健康；在生病的时候，我们则服用"药丸"来治病。依我看来，"健康"和"不生病"不是一回事。每当人们说自己在服用维他命的时候，"我是健康的"这一想法就得到了强化；相比之下，服用药丸可能会强化"我生病了"这一想法。

我们应当考虑用语言将自己的健康体验和生病体验重新包装一下。杀痛剂（painkiller）① 一词暗中强化了"我们不能选择如何解释某种感觉"

---

① painkiller，一般翻译成"镇痛剂"，这里翻译成"杀痛剂"更符合原文语境和作者用意。——译者注

的观念。痛，似乎是个要杀的东西，杀它则暗示着它确实是一个非常大的问题，不服药的话，我们就会陷入无助。与这一做法相反，我们可以服药消痛，而不是杀痛。实际上，"痛"包含着很多不同的感觉。我们可以把痛解释成一种感觉，而不是一个要用药丸杀死的大问题。不给我们的感觉取名，仅仅去体验它们，这样做也许有好处。如果这样做了，我们就会看到，它们不是静止的，而是变化的。一种头痛在某一时刻可能让人无法忍受，而在下一时刻也许根本就不为人注意。注意到变化，我们就有机会控制感觉；注意到变化，我们甚至可以不必施加任何控制。毕竟，痛会自行平息。

我们的用语习惯鼓励那些患有癌症、酒精中毒症或者抑郁症的人把他们的疾病看作自身的一部分。事实上，感冒和头痛，描述的是我们在某个特定时间的样子，而不是我们自身。如果我们根据每次生病的具体情况给它取名字，也许能改进"我们自身"。比方说，我肚子痛，去看医生，医生说我得了"肠胃炎"，知道了这一点，离开医院的时候我可能会觉得好受一些。虽然在我们的病有了名字以后，多少会得到一点儿安慰，但是，唯有当我们意识到一个特定的名字及其含义只是若干选择中的一个，我们的控制能力才会变得更强。如果不严重，我们选的可能是消化不良；如果严重，我们选的可能是胃溃疡。我们大多数人一直意识不到这种选择。

有时候，我们可能会意识到这种选择，比如，当我们发现"原来这句话还能这样用"的时候，或者当我们发现"这种情境还能这样描述"的时候。几年前，我用过一款新的听写软件。那段时间，我的中指受伤了，为了能够继续写字，我在计算机上安装了这款软件，这样在我说的时候，计算机就可以写下来。当我说"gastroenteritis"（胃肠炎）时，屏幕上出现了"Castro decided to invite us"（卡斯特罗决定邀请我们）；当我说"belief"（信仰）时，屏幕上出现了"Belize"（伯利兹）。语言识别软件识别不了情境，给出的词语提示有时很搞笑。然而，我们可以识别情境，因此，我们应该认真地选择语言，特别是在涉及健康的时候。

我们可以选择是把自己看成处于"缓解"状态还是"治愈"状态，是把酒精中毒症看作过敏还是疾病。让我们揭开描述自身状况的标签，看看它后面到底隐藏了什么。

无心或有心的标签

公平地说，标签有助于我们整理思路。但是，当标签决定我们思路的时候，问题就产生了。尽管我们可以在审慎和盲目这两种状态下记住一个标签，但是在大部分情况下，我们都是在盲目的状态下记住一个标签的，结果导致"过早认知承诺"（premature cognitive commitments）——这个称呼是我起的，简单地理解就是，我们会漫不经心地接受一个标签，并且把它当作确定的事实。

30多年来，我一直在研究"过早认知承诺"——或者说心理定势——的负面影响。在我和同事本齐翁·班查诺维兹研究"过早认知承诺"的时候，我们发现，当不加质疑地接受一则信息的时候，我们就会从单一的角度理解它，并且始终坚持这种理解。我们把它当作真的去对待，从来不去质疑它，即使这样做对我们有好处。我们经常用这种方式解释我们视之为不相干的信息。毕竟，如果它不重要，为什么要劳神质疑呢？问题在于，此时不相干的东西在彼时可能是十分相干的。年轻的时候，我们认为自己还很健康、生命还很长，也就是在这个时候，我们接受了有关癌症、痴呆症之类疾病的信息。后来，当我们被迫面对它们的时候，我们记住的那些标签最终让自己遭了殃，致使我们的生活过成"那样"——如果我们还能主宰自己的生活，就不会过成"那样"。

在这项研究中，我和班查诺维兹虚拟了一种失调症，我们把这种失调症叫作"科诺穆斯索斯症"（chromosythosis），并认为它会造成听力下降。

我们告诉被试，我们要给他们做科诺穆斯索斯症检查，还给他们发了一本介绍科诺穆斯索斯症症状的小册子。然而，所有被试得到的小册子并非都是一样的。在四组被试中，其中三组得到的小册子上说，80%的人口都患有这一失调症，这样说是要让科诺穆斯索斯症看起来和他们比较相干。我们还让他们想象，如果被诊断出患有科诺穆斯索斯症，他们应该怎样帮助自己。第四组被试得到的小册子上说，只有10%的人口患有这一失调症，这样说的目的是想告诉他们这一疾病和他们较不相干。我们也没有让他们想象，如果被诊断出患有科诺穆斯索斯症，他们应该如何应对。所有这些处理，都是想诱导第四组被试漫不经心地加工信息。

第四组被试确实漫不经心地加工了信息。我们给所有被试做了"听力测试"，以证实他们确实患有科诺穆斯索斯症，然后又让他们做了一系列后续测试，以看看他们在小册子中所列的具体症状上表现如何。与那些认为失调症和自己比较相干并按照我们的指示想象过被确诊后应该如何应对从而专念地加工信息的被试相比，那些认为失调症和自己较不相干从而漫不经心地加工信息的被试在具体症状测试中的表现不及前者一半好。这说明，被试开始加工信息的方式决定了他们以后如何使用它们。

当我们用一个词语描述一种症状或者疾病的时候，就可能发生认知承诺效应，这一效应有时会致命。正当科学界日益了解到癌症也可能是一种慢性状况甚至可以被完全治愈的时候，我们大多数人却在漫不经心地加工"癌症是杀手"这一标签。接受了"癌症是杀手"的标签后，如果后来被诊断出患有癌症，我们更有可能放弃，即使我们所患的癌症也许并不致命。

有多少想要孩子但要不了孩子的人被贴上了"不育不孕"的标签？标签会让状况稳定下来，然而，有些状况是不稳定的。一旦被贴上"不育不孕"的标签，人们会极度失望，之后可能会变得抑郁和压抑，两者对夫妻关系都没好处（有些医生认为，压抑本身就是不育不孕的一个因素）。如果夫妻关系恶化了，性生活就会减少，怀孕的可能性将会进一步降低。这样看来，在这个例子中，诊断就成了一个自我实现预言。

传统医学一般分三个阶段讲解一种疾病：病人出现症状、医生进行诊断、病人接受治疗。贴标签的过程甚至在诊断之前就开始了。病人是"得到医学关注、照料或者治疗的人"。此外，病人也被定义为"遭受痛苦的人"。很快，病人会得到更多标签，她会被确认患有"X疾病"，其症状会被进一步描述为"急性的"或者"慢性的"，医生也许会告诉她治疗是"有风险的"。不管是对病人还是医学的未来而言，这些标签都是有害的。

在临床诊断课上，医生学会了使用语言对症状进行分类。通过分类和给症状贴上标签，医生就可以获得对症状的控制感。例如，在诊断过程中，当医生把一组症状和一种疾病匹配起来时，从专业的角度讲，他也许就觉得放心了。通过给一种疾病命名，诊断医生把这种疾病不确定的、不可预测的症状放在一个熟悉的、令人安慰的标签之下。他因此觉得安心，就像重新控制住一种危险的细菌一样。在很早的时候，诊断医生往往就有了一条或几条假设，因此，随后寻找线索的过程极有可能被这些假设所诱导。脑中有了假设以后，进一步收集信息的行动就可能受限制，这样，产生其他替代假设的可能性就会减少，而做出错误诊断的可能性就会增加。

另外，一旦作出诊断，疾病的性质就会不可避免地转化成通过语言捕捉并驯化疾病的医学所描述的那种理想形式。仅仅给一种疾病贴上标签，就能营造出一种控制错觉，并使得专家立即把这种疾病看成固定不变的。今天，现代医疗保健环境的压力大、节奏快，医生必须在强压之下高效工作，这样，我们很容易想象得到，医生经常漫不经心地工作，尽量把病人的症状诊断成他们熟悉的疾病并运用相应的疗法。阿图·葛文德（Atul Gawande）在其著作《并发症》（*Complications*）中写道："相反，医学是一门不完美的科学，是一个生产不断变化的知识、不确定的信息、容易犯错的人的工厂。"每个人都是不同的，每种致病菌都是不同的，由此必然可以推出，每一种治疗策略也应该是不同的。然而，在现代医疗界，情况很少如此，这也许是因为西方医学镶嵌在制度化、标准化的医疗保健实践之中。

我在耶鲁大学心理学院做实习生的时候，走入诊所的人基本上都把自己看作"病人"。当时，我也是这么看待他们的。当我和他们谈论在其看来有问题的行为（比如焦虑、决策困难、感到内疚）时，我倾向于给他们报告的行为贴上"异常的"标签，这一标签与"病人"标签一致。后来，当我在熟人身上看到同样的行为（决策或者承诺困难、感到内疚或者害怕失败）时，我则认为它们很正常。同样的行为，在前面那种情况下被看成异常的，在后面那种情况下被看成正常的，在我看来，这很奇怪。于是，我开始对一个问题感兴趣：标签是怎样起到了镜头的作用，让我们看到这样东西而不是那样东西，并且让我们从这个角度而不是那个角度解释所看到的东西？在耶鲁大学的那段时间，我和心理学家罗伯特·艾贝尔森（Robert Abelson）做了一项研究来检验这一效应。我们制作了一段录像，录像里面是一个外表相当普通的人在接受访谈，谈的是他的工作。我们把录像放给临床心理治疗师看，告诉其中一半人，录像里面的人是"病人"；告诉另一半人，录像里面的人是"求职者"。在这些临床心理治疗师中，有的是弗洛伊德派的，有的是行为派的（行为派治疗师所接受的训练能够让他们的眼光越过标签）。结果发现，当录像里的人被贴上"求职者"标签的时候，这两派的临床心理治疗师都认为他表现良好；当录像里的人被贴上"病人"标签的时候，弗洛伊德派治疗师认为他表现不良、需要治疗，而行为派治疗师则认为他表现良好。

标签让我们踏上了假设—证实式（hypothesis-confirming）的数据搜寻之路。如此一来，我们自然会寻找支持标签的证据。既然大部分信息都是模棱两可的，那么结果就是"只要你去找，就一定能找到"。"病人"标签让我们透过问题—发现式（problem-finding）镜头审视自己的行为和生活环境，还让我们和医生搜寻与疾病有关的症状。在这两种情况下，本该被看作在正常范围内波动的行为和感觉都被看成不健康的。此外，独立的健康线索可能会因此完全被忽略。实际上，克服这一问题的方法相当简单。如果我们的脑子里装着两个互相竞争的假设——"我是健康的"以及"我生病了"——踏上假设—证实式的数据搜寻之路，那么，这两个假设我们都会设法去证实，这样的话，我们就能对自己形成更准确、更全面的看法。我们也许会发现身体不错的证据，也许还会发现身体欠佳的证据。我们也许会把自己看成总体健康、稍有微恙的，也许会把自己看成浑身都痛、长期不适的。此外，对于所发现的不同东西，我们也许会贴上不同的标签。与把一种感觉看成这种感觉本身相比，把其看成某种大病的征兆可能会让我们更不好受。

心理学家戴夫·罗森汉（Dave Rosenhan）曾经做过一项令人震惊的研究。在这项研究中，他和自己的研究生们假装有病混进了一家精神病医院。他们使用假名字看病，向医生抱怨在没有人的时候还能听见声音。要知道，幻听可是精神分裂症的典型症状。在其他方面——比如，他们的生活、与其他人的关系以及经历等——他们都说了真话。住院以后，他们不再抱怨幻听了，而且试图让医院的工作人员相信他们好了，所以应该出院。结果，他们平均花了 19 天的时间——最短的花了 7 天，最长的花了 54 天——才被准许出院。在医生同意他们出院时，为其做的诊断是他们的精神分裂症状正处于缓解之中，尽管其所在病房的访客报告说没有在他们身上看到任何心理问题，其他病人也怀疑他们当中的很多人根本不是病人。

对我们而言，诊断（diagnosis）和预断（prognosis）是两个具有特殊含义的词语。病人问"诊断是什么"或者"预断是什么",形成答案的过程好像没有涉及任何人。形成答案的过程当然有人参与,忽略这一事实会极大地改变答案的效果。比较一下病人听到的以下两种说法:"你的预断不妙"和"按照这位医生的说法,根据他在医学院所受的训练来判断,你的预断不妙"。

如果我们的语言更具情境适应性,我相信我们会对自己的健康实施更强的控制。我们会意识到医学事实不是从天上掉下来的,而是由某些人在变化多端的条件下决定的。医学决策依赖于不确定性,没有不确定性就不需要做决策,我认为,这一点再怎么强调都不过分。稍微认识到这种不确定性,我们就会明白,尽管我们的医生可能既博学又富有同情心,但是他们不可能无所不知。其他人会影响我们,也会影响他们;他们做判断的时候,也会跟我们一样受到自身价值观的影响。但是,医生往往觉得他们应该隐藏这种不确定性,在极端情况下,他们甚至倾向于"挂黑纱"(hang crepe)①:给出最坏的预测。因为,如果你说病人会死,而结果病人没死的话,那会皆大欢喜;但是,如果你说病人不会死,而结果病人死了的话,那你可能会惹上官司。

从某种意义上说,给某人贴上"末期"标签,也许是医疗界所犯的最过分的错误。汉克·威廉斯唱过:"不管我们如何挣扎、奋斗,都不会活着离开这个世界。"但是,"末期"标签是用来预测死亡的。众所周知,医生不可能知道我们什么时候会死,这样,当医生告诉我们自己处于"末期"的时候,就会变成一个自我实现预言。医生做出这样的预测,事后证明准确性有多高?没有相关记录可以说明这一点。

---

① 古时候,谁家死了人就会在门前挂上黑纱,今天有些地方仍然可见这一习俗。当人们说不要"挂黑纱"的时候,意思是指不要在事情还未发生时就提前宣判坏结果。——译者注

数字会让人迷失

医疗界习惯通过数字进行描述。我们有血压值和脉搏数，还可以做心电图或者脑电图，以获得更多的数字来描述我们的健康状况，而验血则可以给我们提供越来越多的数字。从很多方面来说，这样做效率很高，可是，需要指出的一点是，就像标签一样，数字也能隐藏不确定性。数字让我们变成了胆固醇较高或胆固醇较低的人，而不是悲伤或快乐的人，也不是精疲力竭或者精力充沛的人。我们变成了系列数字，并且按照我们的数字生活，经常让它们成为自我实现预言。就像我在前面讲过的那样，当我在讲座中问下面的听众是否知道自己的胆固醇水平时，那些回答问题的人都有一种强烈的稳定错觉——他们在潜意识里认为胆固醇水平是稳定的，上次的体检结果就代表了当前的胆固醇水平——尽管被追问时，他们都承认胆固醇水平在变化、在自然地波动。上次的体检结果牢牢地刻在他们心中，以至于这一示范屡试不爽，尽管我刚刚费了很大力气告诉他们：不要漫不经心地混淆我们心理定势的稳定性与其所涉及的现象的稳定性。数字不仅能隐藏不确定性，而且还能让我们物化，导致自我实现预言。事实上，与我们的健康相关的数字当然不能代表我们本身。

数字还可以制造精确错觉。想想一个 42 岁的人和一个 54 岁的人。透过这两个数字，除了能够看出前面那个人年轻一些，我们还能看出关于这两个人的其他信息吗？我们是否能够肯定地知道哪个人更健康、哪个人更精力充沛，或者哪个人的创造力更强？当然不能。除了他们的年龄，我们就什么都不知道了，不管我们当初基于什么原因只询问了他们的年龄。

数字是一维的，其传达的信息并没有让我们从中了解得更多。如果一个人的癌细胞数量是另外一个人的两倍，我们能够根据这条信息预测什么？谁病得更严重，或者谁会死得更早？如果前者原先很健康而后者病得很严重，你会做出什么样的预测？

如今，BMI 指数（Body mass index）[①] 成了一个衡量我们是否超重的流行指标。它的计算方法是，用我们的体重除以我们身高的平方，然后乘以 703。这看起来似乎很精确，但唯一的问题在于，对于衡量肥胖程度而言，它只是一个参考值，因为它不能区分肌肉和脂肪，因此，对于肌肉密度高的人来说，用它作为肥胖指标并不合适。要真正判断一个人是否肥胖，还需要利用微电力测量这个人的阻抗，以推断其脂肪的厚度。

有了数字，我们还能进行社会比较。如果我有 20 个苹果，你有 30 个苹果，这说明你的苹果更多。可是，这是什么意思呢？我虽然只有 20 个苹果，但是，或许每一个都比你的大。在这种情况下，也许是我拥有的苹果更多。你的苹果也许更成熟，这意味着它们的味道更好或者很快就会腐烂。由此而看，仅凭数字提供的信息，我们无法进行精确的比较。

有人研发出一个预测女性是否会发生骨质疏松性骨折的数学公式，并且证明这一公式的预测准确率为 75%。医生可以运用这一公式判断骨质疏松的女性病人是否会发生骨折，进而对会发生骨折的病人实施预防性治疗。这看上去非常不错，但问题在于，我们不知道自己是属于预测准确的那部分（75%），还是属于预测错误的那部分（25%）。

数字以及提供这些数字的检查并非没有用。它们是工具，如果工具被专念地用于指导我们、给我们提供思路，而不是控制我们做什么、不做什么的话，那么，它们就是有用的。它们不能百分之百准确地预测我们未来的健康状况，因此，不该决定我们是谁或者我们是什么样的。

---

① BMI 指数，身体质量指数，又被称为体质指数、体重指数。——译者注

学会理解言外之意

想象一下，你刚做了头发，碰到一位朋友，她说："啊，你做头发了！"停顿了一会儿后，她接着说："我喜欢这个发型。"她的停顿让你觉得不确定或者更糟，但是，你发现自己很难说什么，毕竟，她说她喜欢你的新发型。

她真正的意思并没有通过说出口的话表达出来，而是隐含在沉默之中。在健康领域，沉默也发挥着同样的作用。想象一下，你80岁了，和你的子女一起去看医生。你对着医生说话，而医生却对着你的子女而不是你做回答。医生传达的信息很明显——你不中用了。接下来，另外两个医生给你做了检查，之后，他们讨论着你的情况，却把你撂在一旁——你被物化了，而且，他们把你排除在谈话之外，让你进一步觉得你就是你的病。

病人们经常说，他们是否决定起诉医生医疗不当，很大程度上取决于医生用什么方式和他们说话。娜莉妮·安贝迪、德比·拉普朗特（Debi LaPlante）、太·阮（Thai Nguyen）、罗伯特·罗森塔尔（Robert Rosenthal）、奈杰尔·肖默东（Nigel Chaumeton）和温迪·莱文森（Wendy Levinson）做过一项研究，考察了在医疗情境下不同语气所产生的不同效果。是否起诉医生，这一决定无疑是复杂的。娜莉妮·安贝迪等人认为，病人起诉医生医疗不当，部分原因是不满医生冷冰冰的说话方式，于是，她们作出如下假设：医生说话的语气与其医疗不当被诉史存在相关性。为了检验这一假设，她们将看病过程中医生和病人之间的谈话录了下来；接着，对录音进行处理，去掉谈话内容，只剩下语气；再接着，让几个不知道研究假设的人根据处理过的录音对医生进行评价，评价指标有热情度、敌意度、支配度和焦虑度；最后，她们分析了医生在这些指标上的得分是否与其医疗不当被诉史相关。结果，她们发现，语气被评价为不友好、支配性强的医生，因为医疗不当被起诉的次数较多。这说明，我们会对沉默、语气以及其他非言语信息做出反应，即使我们觉察不到自己在这么做。

我和我的学生做过一项研究，想看看如果一个人同时面对具有自信姿态的"专家"和使用揣测语气表达的书面信息会有什么反应？为了实现这个目的，我们找到一群人，训练他们如何指导别人做放松训练；在他们学会之后，我们让他们找一位家人或者朋友，指导其做放松训练。我们还给了他们每人一封密封起来的信，内容是介绍放松技术，我们让他们在指导家人或朋友做放松训练前，先把这封信交给对方看。我们还让他们在指导家人或者朋友做完放松训练后，假装自己脖子疼，看看家人或者朋友有什么反应。根据我们的设计，其中一半的人在接受训练后，会带着自信的姿态（身姿笔挺、语调平稳、眼神接触频繁）去指导别人，而另外一半人不会带着这种自信的姿态。我们让他们交给家人或者朋友的信分成两种，一种用揣测语气介绍放松技术，另外一种则使用直陈语气。我们把信密封起来，还要求他们在实验结束之前不准看这封信，这样做的话，他们就不会知道其家人或者朋友是被分在了专念组（揣测语气组）还是漫不经心组（直陈语气组），进而不会导致最终的实验结果出现偏差。我们想检验的是，当他们说自己脖子痛的时候，其家人或者朋友在提供建议帮助他们止痛时，会不会将放松技术考虑在内，尽管我们没有在信里提到放松技术可以治疗脖子痛。结果发现，当训练者带着自信的姿态并且其家人或者朋友收到的是用揣测语气写的信的时候，其家人或者朋友建议他们用放松技术治疗脖子痛的概率是相反情况下的两倍。

我们所接受的文化喜欢把一切量化，在这样的环境中，我们能够做些什么呢？我们可以提醒自己，这些话语和数字确实告诉了我们一些事情，又确实没有告诉我们什么。而且，我们可以坚信，它们背后隐藏着不确定性。25 年前，我收集过一些资料，这些资料我从来没有整理发表过，由于它们与现在讨论的话题有些关系，所以我想分享给大家。我让一群老年人参加了一项有关语言的研究，具体地说，是一项有关代词的研究。我让实验组的老年人在指定的一个星期内尽量使用"I"（"我"的主格）说话，让控制组的老年人在指定的一个星期内尽量使用"me"（"我"的宾格）、"he"（"他"的主格）和"she"（"她"的主格）说话。在一周快结束时，我让他们填写了一份简短的问卷，询问他们有多主动以及他们觉得自己对其生活有多强的控制能力。结果发现，多使用"I"增强了实验组老年人的主动性和控制感。这说明，语言可以引导我们不知不觉地用一种不利于我们的方式行动、思考和感受，而我们也可以有意识地选择合适的语言帮助我们到达自己想去的地方。

第八章　千万不要迷信专家

　　冷静、熟练地履行所有的责任。在照料病人的过程中，要向他隐瞒大部分事情；在进行必要的嘱咐时，要使用欢快、沉着的语气；转移其注意力，不要让他关注你正在对他做什么；有时要大声、严厉地训斥他，有时要柔声细语地安慰他；不要向他透露有关其病情现状和未来的任何信息。

　　　　　　　　　　　　——《希波克拉底誓言》（*The Hippocratic Oath*）

医疗失误是如何发生的

　　人类的健康是一个复杂的问题，因此，医疗失误的案例时有发生。研究病患安全问题的专家埃米·埃德蒙森（Amy Edmondson）在医院做过一项重要的研究，目的是探究医疗失误是怎样发生的，特别是医疗体系是怎样为医疗失误的发生提供便利的。她的研究表明，医疗保健机构很少从他们的错误中汲取教训，因为人们往往不愿报告错误（不愿坦白自己的错误，不愿指出别人的错误，也不愿指出存在的隐患）。护士们往往担心，如果说出去的话，她们会遭到训斥。所以，不足为奇的是，她们往往不会说出去。大部分医院，确切地说，大部分机构，都希望自己的员工是"适应的顺从者"（adaptive conformer），也就是不希望员工提任何反对意见，而是乖乖地适应环境、默默地帮助别人粉饰错误。它们可不喜欢"捣乱的发问者"（disruptive questioner），也就是那些看到问题就要指出来、发现错误（不管是自己的还是别人的）就要报告、还喜欢问一些诸如"为什么我们要这样做"之类的烦人问题的人。问题在于，就像埃米·埃德蒙森指出的那样，如果一个机构想通过学习进步的话，就需要捣乱的发问者。

即使是小群体也容易受到"群体思维"（groupthink）或者漫不经心的影响。正如心理学家欧文·贾尼斯（Irving Janis）在他的开创性著作《群体思维的受害者》（*Victims of Groupthink*）中所指出的那样，在群体中正式设定一个提反对意见的角色，有助于群体成员克服漫不经心地从众的倾向。然而，很少有医院会训练员工避免漫不经心的状态，或者培养员工乐于从错误中学习的品质。尽管，在医疗安全问题方面，病人一般不用承担什么责任，但是作为病人，我们应该扮演捣乱的发问者这一角色，就像在健康问题方面扮演专念的学习者一样。

对于一个群体来说，引进一项新技术是一件非常困难的事情，尤其是当这项新技术对群体的例行工作造成干扰的时候。在完成一次心脏手术时，医生、护士、麻醉师、灌注师（负责运行心肺旁路设备的技师）总是一起合作，而且他们已经这样合作好几百次了。引进一台新仪器后，他们就要做出一些改变，而做出这些改变可能非常难。埃德蒙森发现，引进一项新的心脏手术技术后，那些有一个最不在意身份差异的领导——也就是承认自己并非无所不知、愿意倾听下属意见的领导——的医疗小组的交流最有效、学到的东西最多、觉得转变最容易。

但是，这种情况并不常见，常见的情况是，医生与其他医务人员之间的合作并不顺畅。因为体制原因（大多是这个原因），医生很容易否认错误，结果丧失了从错误中学习的机会，导致医疗失误非常普遍，以至于在医学中有一个专门领域研究医源性疾病，也就是由于医护人员的诊断、治疗或预防措施不当引起的疾病。根据美国医学会（Institute of Medicine）2000年的报告《人皆有过》（*To Err Is Human*）可知，在全美范围内，医疗失误的致死人数，超过了其他很多众所周知的致死原因——包括车祸、乳腺癌或者艾滋病，达到了每年 9 800 人。既然医生一般是富有同情心、智商较高以及受过良好教育的人，怎么会这样呢？仔细分析一下也许就会发现，漫不经心是罪魁祸首。按理说，训练有素的医生，也许会因为经验丰富而更容易注意到正常中的异常，然而，也许正是因为他们具有丰富的经验，才使其看不到某些异常。我曾想过，如果医院把新手和专家分到同一个小组，会发生什么？当然，它们现在就是这样做的，不过，它们这样做只是希望新手向专家学习，并不是要求专家倒过来向新手学习。在我的设想里，学习应该是相互的。医院应该让其认识到，专家也许能够看到只有经过训练的人才能看到的东西，而新手也许能够注意到专家忽视的东西。

在《并发症》中，葛文德介绍了汉斯·俄林（Hans Ohlin）、拉尔夫·里特纳（Ralf Rittner）和拉斯·艾登布兰特（Lars Edenbrandt）所做的一项研究。在这项研究中，他们让一位顶级心脏病专家（一般一年读 10 000张心电图）和一个复杂的电脑程序根据心电图判断心电图的主人是否有心脏病，看看谁的准确率更高。专家和电脑程序分别读了 2 244 张心电图，其中一半来自那些有过心脏病发作经历的人。结果，电脑程序正确识别出的心电图数量比专家多 20%。这样看来，同医生相比，电脑的诊断工作做得更好。

葛文德是一名医生，深谙医生的想法，所以他的书写得非常出色。在他看来，俄林等人的研究应该让我们得出我们需要信任技术的结论。然而，在我看来，电脑还是弄错了 384 例。葛文德在书中提出了两个建议，一个是更多地依靠机器做诊断，另外一个与第一个思路类似，就是教医生像机器一样做诊断。

根据在专念和漫不经心的研究中所积累的 30 年经验，我要对葛文德的两个建议提出异议。在我看来，只有两个条件都满足了，我们才可以漫不经心。这两个条件是：

1. 我们找到了做某件事情的最好方法；
2. 这件事情一直保持不变。

然而，我们知道，我们永远都不能确定第一个条件是否成立，而第二个条件绝对不会成立。我们想把什么行为"自动化"根本不重要。重要的是，在健康这个问题上，既然我们当中的任何人都不属于某个群体，统计平均数就意味着没有什么最好的方法。而且我们知道，我们的健康状况一直在变化。

想一想，就像医生大卫·贝茨（David Bates）和卢西恩·安利普（Lucian Leape）曾经做过的那样，在医院开药和用药的过程中，哪些环节可能会出错：

1. 医生写处方；
2. 处方被送到秘书处；
3. 秘书誊写处方；
4. 护士取处方；
5. 护士确认处方并且也誊写一次；
6. 处方被交给药剂师；
7. 药剂师进行配药；
8. 药剂师把配好的药交给护士；
9. 护士给病人用药；
10. 病人接收药物。

每个环节都可能出错，这样的错误每天都在上演。住院病人平均每天要用 10 ~ 20 剂药，平均住院大约 5 天，所有这一切，都大大增加了出错的可能性。

为什么后面几个环节还会出错？为了阐释这一点，可以看看社会心理学家罗伯特·西奥迪尼（Robert Cialdini）列举过的一个案例。一位医生给一个耳痛患者开的处方上写着"administer in R ear"，结果，护士把它读成了"administer in rear"（用在屁股），而不是"administer in right ear"（用在右耳），因此把药用在了病人直肠。这个案例说明，医生和护士并非不胜任，他们只是不用心。

即使医生没有犯明显的错误，问题也有可能出现。征询第二意见[①] 看起来也许简单，仔细审视一下就会发现，这个过程并不像看起来的那样简单，因为语言启动的隐性效应会在这里起作用。"第二"这个词语一般没有"第一"好，不管它被用来修饰什么。另外，如果我们把医生的话当作真理，那么，当我们比较一种"真理"和一种"意见"的时候，我们会期待什么？就像"第二"不如"第一"好一样，意见当然不如真理可信。对此，我曾在课堂上做过验证。我问一半的学生："一位医生告诉你需要做手术，你进行了第二意见咨询，那位医生告诉你不需要做手术。那么，你有多大可能去做手术？请在 11 点量表（eleven- point scale）上评分，'0'表示'绝对不去'，'10'表示'绝对会去'。"

我问另一半的学生："一位医生告诉你需要做手术，另外一位医生告诉你不需要做手术。那么，你有多大可能去做手术？"我对前面那组提到了第二意见，对后面那组则没有。结果，前面那组的平均评分为 5，而后

---

① 很多人在被诊断出患有某种疾病（尤其是严重的疾病）后，经常希望能征询其他医师的专业看法，以更多地了解自身的病情，并安心地接受治疗，而被征询的其他医师的意见，通常被称为"第二意见"。——译者注

面那组的平均评分为 2.5。也就是说，当第二位医生的看法被贴上"第二意见"的标签后，人们接受第一位医生意见的概率提高了一倍。

宾夕法尼亚大学埃布拉姆森癌症中心（Abramson Cancer Center）的约翰·格利克（John Glick）医生曾经做过估计：当一位病人带着某位医生提供的治疗方案征询他的第二意见的时候，在 100 次中，大约有 30 次，他的意见和第一位医生的意见完全相同；100 次中的另外 30~40 次，他及其同事给出的建议和第一位医生提供的方案有很大的不同；而有时，他的团队甚至会做出完全不同于第一位医生的诊断。

如果所有的医生接受的都是同样的训练，那么，他们极有可能推荐同样的治疗方案；如果他们接受的训练不同，那么，他们有不同意见或许是很正常的。这样一来，我们就可以让同一个人从不同的角度看待同一事实，也可以让不同的医生从不同的角度为我们提供不同的建议。病人一般不进行第二意见咨询，这样做明智吗？如果我们进行第二意见咨询，那么，不管下一位医生说什么，我们也不会知道接下来的 15 位医生又会说什么。由于样本量非常小，因此，这样做也许是不可靠的。但另一方面，进行第二意见咨询可能有潜在的积极作用。通过考虑是否需要咨询第二意见，我们——病人和医生——实际上在含蓄地承认不确定性。

成为健康学习者

为了保证身体的正常运行，我们一般每年做一次体检，这个时候，医生推荐我们做什么检查，我们就做什么检查。如果体检结果说一切正常，我们就会认为自己是健康的，然后继续生活，直到下次体检——除非发生什么特别的事情。我们经常像对待自己的汽车一样对待自己的身体，就像把自己的汽车托付给机械师一样把自己的身体托付给医生。一旦汽车通过了年检，我们就会认为它一切运转正常，并安心地开走它。然而，我打赌，我们当中很多人对自己汽车的关注程度远超过了对自己身体的关注程度。我们会注意到汽车的细微变化——轻微晃动、刹车声过于刺耳、噪声大得不同寻常——意识到它可能出了问题，并在问题失控之前开去修理（如果我们负担得起的话），即使我们不怎么了解汽车。我们经常不怎么注意自己身体的细微变化，而这些细微变化可能会告诉我们自己的健康出了问题。我们变得过于依赖医生。我们不该如此，而是应该把医生当作顾问。也许，我们应该把所有的专家都当作顾问。

通过关注变化和了解身体，我们能够更好地捕捉关于健康状况的有用信息。通过承认医生的认识也是有限的，我们能够更加肯定与他们分享信息是非常重要的。我们应该扮演健康学习者，全身心地关注自己的健康状况，更好地与专家合作。我们应该成为自身健康问题的专家，而医生应该成为我们的顾问。

如果我们是自己的专家，也许会咨询若干顾问，不仅要为我们身体的不同部位咨询不同的顾问，而且还要为我们身体的同一部位咨询不同的顾问。这样，我们就能了解到对同一问题的不同看法，而不同的看法意味着我们可以自己做主。在认识到医学数据的局限性之后，我们可能会同意：不同的人对同一问题持有相同的看法，不一定意味着他们就是正确的，也许只是意味着他们接受的训练是相同的。面对不同意见时，我们不会感到有压力，反而变得更加清楚：在这一过程中，我们的作用是多么重要。为了做出决策，我们变得更主动，主动思考我们接收的信息，并且主动与医生讨论它们。

在医生为我们做诊断的时候，我们不该等着他们问问题。医生只会问在他们看来是重要的、有助于诊断的问题，而他们做出此种判断是基于常规数据，也就是对大多数人而言为真的事实。如果我们是专家，我们就会提供在我们看来与自身的感受有关的信息。我们不需要问"这和那有关吗"，而是应该问"这和那可能是什么样的关系？"这样做可以鼓励一种不同的信息搜寻方式，这种信息搜寻方式能让我们的顾问把我们当作特别情况对待，而不是视作一般情况去考虑。

在我的决策心理学研讨班上，我经常问学生："我们能用鼻喷雾剂避孕吗？"答案总是"不能"。但当我问"怎样用鼻喷雾剂来避孕"时，我的学生就会意识到整个身体是相通的，而那些对生理学比较了解的学生就会寻找有哪些可能的路径，从而想出一些富有创意的答案。同样，那些被认为对我们的健康有意义的问题，有些至少应该由我们自己做主。

当自己做主的时候，我们能够更加容易地打听有没有其他替代方案，而不会觉得自己是在挑战医生。我们也许会考虑打听有没有其他可能的疗法，如果有，其副作用是什么；我们也许还会毫不犹豫地打听医生提供的任何一条建议有什么依据。一旦我们的医生顾问回答这些问题，他们就会更加留意知识的局限性。如果用一种非质问的方式这么做，我们就有可能把医生从原先那种过于高高在上的位子上请下来，医生可能也不会生气，而是愿意成为我们的健康顾问和合作伙伴。

我曾给研讨班的学生布置过一个作业，让他们去研究一下健康数据库，看看自己能否提出什么新颖的问题（只要与我们在研讨班上所讨论的随便哪个主题有关就行）。我的一个学生——劳拉·安格林（Laura Anglin），提出了一个比较尖锐的问题，由于它与本书讨论的主题有很大的关系，我在此分享给大家。她关心的是医疗保健资源的可获得及使用情况，她从美国疾病控制中心 1995 年的行为风险因素监测（Behavioral Risk Factor Surveillance）结果中选取了数据加以分析。她发现，当美国 10 个州——阿拉斯加、亚利桑那、伊利诺斯、堪萨斯、路易斯安那、密西西比、新泽西、北卡罗来纳、俄克拉何马和弗吉尼亚——的被调查者被问到"有没有一个医疗保健机构是你常去的"这个问题时，其中 9 个州的大多数被调查者（75%~85%）都回答"有"，而第 10 个州——北卡罗来纳——的情况则恰好相反，在这个州，65% 的被调查者说他们不只是看一个医生。劳拉还在数据库里发现了另外一个调查问题——"在一个月里有多少天（0~30 天）你会觉得自己的身体状况不好"。同全美其他州相比，北卡罗来纳的被调查者更可能回答"0 天"，而回答"1~2 天""3~7 天""8~29 天"的被调查者也比其他州少。在心理健康方面，调查结果也类似，北卡罗来纳的被调查者回答精神状况不好的天数也较少。实际上，与其他所有医学数据一样，这些数据是相关的，而现在我们应该已经知道，它们是提示性的而不是绝对的。尽管如此，它们确实支持了"咨询几个不同的顾问也许对健康有益"这一看法。

征询不同意见要求我们参与更多，即使我们所做的不过是选择征询谁的意见。另外，通过决定向谁征询意见以及跟他们讲什么，我们便启动了自己的效能感。

确诊之后，如果医生拿出几个可供选择的治疗方案，病人就会陷入一种非常艰难的处境。病人常常把接下来的治疗全部交到专业的医疗工作者手上，这种冲动是可以理解的。我们害怕，如果我们做出某一选择，而这一选择最终会伤害到我们，那么责任就在我们自己。这是一种存在恐惧，而把所有的选择都交给医生去做就能减轻这种恐惧。但是，撒手不管也许会对我们造成更大的伤害。

一位病人的癌症在多大程度上能被判断出是可治疗的或者不可治疗的？医生做出这一判断时，似乎多少有些武断。正如我的学生孟波（Bo Meng）指出的那样，科学界甚至不能完全肯定地预测一盒牛奶什么时候过期——牛奶的储存温度、牛奶里面细菌的生长情况、外面有机物对牛奶的污染情况都会影响牛奶的变质时间，而它们仅仅是众多影响因素里最主要的三个。同牛奶相比，人体不知道要复杂多少倍，这应该意味着，一种连牛奶何时变质都不能完全肯定地预测的文化，也许根本不可能运用什么技术准确且精确地确定一条界线——在这条界线以下，癌症是可治疗的；在这条界线以上，癌症是不可治疗的。

另一方面，我们自己也许能够知道，癌细胞迅速扩散到患者全身并且随时都可能致其死亡的情况当然存在，但是，大部分患者的情况并没有那么严重，即使其罹患的癌症被诊断为不可治疗的、晚期的。那么，就此而论，判断的依据是什么？这些判断，至少在某种程度上是武断的。如果病人因为明白了这一点而有几分理由怀有希望，那么，他们也许会设法改善自己的状况。他们会怀有希望，可能是基于觉察到了自己体验的症状正在变化——实际上，有时候症状并不像其他时候那样严重。他们应该把这一变化讲给医生顾问听。

医生也许比我们更了解癌症，这是事实，然而，这一事实并非意味着我们不需要了解自己的诊断背景。今天，大约有三分之二的癌症病人实际上并不理解自己的诊断结果；不了解诊断背景，使得应对癌症变成了一件更加复杂和困难的事情。这就像在不了解规则的情况下尝试参加一项运动一样，然而，在全世界范围内，每天都有数以百万计的晚期癌症病人在玩着这个游戏。

今天，从癌的角度出发，我们基本上把人分成连续的三类：没有癌症的人；患有可治疗的癌症的人；患有晚期癌症的人，也就是患有不可治疗的癌症的人。然而，在这三类人之间，我们应该进行更细的区分，尽管在一般情况下我们没有这样做。例如，一个人的癌症处于可以用手术治疗的阶段与晚期之间，如果他的癌细胞转移速度很快，那么，他也许就会被看成处于不可用手术治疗的阶段。然而，某些疗法已经被证明具有几分减缓癌细胞转移速度的效果，因此可以用来把这位病人拉回"可治疗的人"那一类。通过向医生顾问打听我们的情况和大多数同类病人的情况有什么不同，我们也许能够学会对自己的状况进行更细的区分。

我们每个人的过去和身体体验都是独一无二的，而且，只有我们最清楚自己有哪些感受和想法，所以，无论我们的医生怎么了解我们，也远远比不上我们对自己的了解。考虑到这一点，知道哪种治疗方案最适合我们的人应该是我们自己。我们对某种治疗方案是否满意，取决于它是否能满足我们的独特需求，而不是从统计学上看它是否能满足大多数人的需求。知道自己的价值观、性格、感受和想法对于我们做治疗决策而言是必要的；把这些东西记在心里，有助于我们做出对自己而言最好的选择。所以，对于"如果不听医生的那要听谁的"这样的问题，最好的答案是"听我们自己的"。毕竟，如果要问一种疾病的病程一般是什么样子的，应该找医生，因为他们才是这方面的专家，而至于我们的病情有什么独特之处，只有我们自己最清楚，所以，在这方面，我们才是最好的专家。

第九章 在专念中变老

变老不是胆小鬼能承受得了的事。

——贝特·戴维斯（Bette Davis）

对我们大多数人而言，人生之中没有哪个阶段像老年阶段那样更让我们担心能力下降、疼痛磨人、疾病缠身的了。然而，在人生的这个阶段，我们还是可以有所成长的。我们所体验到的衰弱，一部分是变老这一自然过程的产物，一部分是由我们的老年心理定势造成的。就像在逆时针研究中看到的那样，我们的认知能力、视力和关节炎症状都可以因为我们变得更加专念而得到改善。

对于老年的消极老化刻板印象，人人耳熟能详，而且似乎都会无条件地接受，至少在西方社会是如此。若干研究表明，人们认为老年人是健忘的、迟钝的、虚弱的、胆怯的以及固执的。

老年人对老年的消极老化刻板印象和年轻人对老年的消极老化刻板印象一样强烈（如果前者不比后者更强烈的话）。玛丽·凯特（Mary Kite）和布莱尔·约翰逊（Blair Johnson）曾经做过研究，调查美国人对变老的态度，分析之后发现，当人们评价老年人的外表吸引力或者心智能力的时候，消极老化刻板印象最强烈。另外，研究还表明，人们经常无意识或者自动地受到这些消极老化刻板印象的影响。

消极老化刻板印象不仅影响人们看待和对待老年人的方式，而且经常被老年人自己内化，进而影响其自身的能力以及与年轻人打交道的意愿。30 年前，我和几位心理学家以及医生聚在一起，成立了一个小组，目的是研究生理、行为和老化之间的关系。在这个小组里，我是最年轻的成员，对变老的态度最积极。考虑到我个人对变老的体验和其他人对变老的体验不怎么一致，因此，我不禁问为什么会这样？我想，这也许是因为，其他人本人年事已高或者其父母年事已高，他们对变老有切身的体验，这使得他们对变老的态度更消极。但是，另外一种可能不是也存在吗？那就是，我对变老的看法之所以从根本上不同于其他人（如果我的看法不算幼稚的话），是因为我经历了一些不同的事情。变老并不等于衰退，我的这一观念是从哪里来的呢？

我想，对小孩来说，"祖母"这个词语的意思是"老人"，我们很多人都是在诸如"祖母"之类词语的引导下接触老化观念的。当我刚开始接触老化观念的时候，我的祖母还很年轻，从年龄、精神或者能力等方面来看都是如此。确实，我们大多数人在很小的时候就从祖父母那里了解到变老意味着什么，并由此外推到别的地方。如果我们自己的祖父母对什么是变老怀有成见，那么，我们也许会糊里糊涂地接受那些夸大老年人身心极限的观念，这似乎是不可避免的。

后来，我打算检验一下情况是否确实如此。我和我的学生比较了两组老年人被试，一组被试在 2 岁以前和祖父母生活过，另外一组被试在 13 岁以后和祖父母生活过（两组被试的祖父母之间的年龄差异，类似于 2 岁和 13 岁之间的差异）。我们是这样推理的：考虑到同第二组被试相比，第一组被试的祖父母从外表和举止上来看都更年轻，由此不难判断，第一组被试小时候接触到的老年"原型"更年轻，而这些原型会伴随他们一生。

如果我们的判断正确，那么现在，当被试自己变成老年人的时候，同第二组被试相比，第一组被试会显得更年轻。

最后，我们发现，情况确实如此。我们邀请一些研究人员，让他们在不知道我们研究假设的情况下对所有被试进行评价。从他们的评价结果来看，与那些在 13 岁以后和祖父母生活过的被试相比，那些在 2 岁以前和祖父母生活过的被试更机警；在活泼性和独立性方面也呈现出类似的趋势。这些结果显示，我们很多人，也许因为接触了一些心理定势——我们原本不必受到这些心理定势的限制——而不经意地学会了怎样变老。

有关专念的研究给了我们四点启示，这些启示也许可以帮助我们对抗消极老化刻板印象产生的负面影响。根据上述研究，我们应该重点关注以下四个方面：

1. 评价老年人的标准；
2. 一个人看问题的视野很难超越自身发展水平的局限；
3. 变化与衰退的概念；
4. 更加专念地对待老年（老年人自己以及对老年人怀有成见的人都需如此）。

下面，让我们逐条详细分析一下。

对于年轻人来说，别人劝告他们"举止要与年龄相称"，是期待他们勤奋、庄重、敢于承担责任。然而，对于老年人来说，"举止要与年龄相称"则有一层让人难以承受的含义。具有讽刺意味的是，人们往往希望老人像小孩一样，不该全权负责自己的生活，而应该把一部分控制权交给别人去代理。最极端的情况是，人们期待上了一定年纪的老人的"举止应该有老人的样子"，这一期待可能非常沉重，暗示着行为是由而且一定是由个人无法左右的年龄控制的。

鱼不会骑自行车，所以，根据骑自行车的人建立的标准来看，鱼似乎能力不足。在这里，拟人化的鱼和老年人的主要区别在于，老年人与非老年人如何看待个体与其所处环境的关系。我们似乎很容易看出，把不会骑自行车看成鱼的一个缺陷是多么荒谬——自行车是为那些有着两条胳膊、两条腿和轮廓清晰的屁股的生物设计的，我们不能因为鱼不会骑自行车就说自行车没用，也不能因为鱼不会骑自行车就说鱼没用。

具有讽刺意味的是，当我们评价老年人能力的时候，经常忘记这个效用结构（hierarchy of utility）。例如，如果一位老人下车有困难，我们也许会把这归因于他的腿部肌肉在弱化、他的平衡感在丧失，而不会想到也许是汽车座椅的设计存在缺陷——如果座椅能够旋转的话，人就可以正着而不用侧着上下车。如果说即使想到汽车座椅的设计存在缺陷也没用的话，你可以设想一下，看到一个 25 岁的年轻人骑儿童三轮车有困难，就下结论说他四肢过长、缺乏灵活性是多么荒谬！人们在设计儿童三轮车的时候并没有考虑 25 岁的人怎么用它，同样，人们在设计汽车座椅的时候也没有考虑 75 岁的人怎么用它。因此，一个 75 岁的老年人下车有困难并不意味着他有缺陷，就像一个 25 岁的小伙子不会骑儿童三轮车并不意味着他能力不足一样。

老年人不是年轻人。每天，老年人都被迫与某种不是由他们也不是为他们设计的环境交涉。如果我们把自己觉察到的缺陷归结为外部原因，把自行车设计成鱼也能使用的样子，我们也许会减少对老年人的消极印象，甚至会催生创造性的解决方案——改造环境，以使它适合各个年龄阶段的人群。让我们再次回想一下前面提到的那个例子：一位老太太，一般每隔几天出去购物一次。每次购物回来走到公寓门前的时候，她会放下手中的袋子，找钥匙，开门，然后弯腰把袋子提进门。一次购物回来，她走到公寓门前，像往常一样把袋子放下，不过，当她打算提袋子进门的时候，由于腰弯得不够低，没有够着袋子。其实，她只要在门前放一个木架子，就能解决问题。

同样，人们在评价老年人心智能力的时候，也经常以为老年人的欲望、动机和兴趣与年轻人一样。回到鱼的比喻，我们似乎非常容易看出，鱼不怎么关心自行车。然而，这个比喻很少用来解释或者理解老年人的行为。如果一个小孩的父母不能区分不同的卡通人物，或者不能在一首流行歌曲刚播放的时候就辨别出它是什么歌曲，这个小孩不会下结论说，他的父母丧失了对人脸的辨认能力或者对音乐的记忆能力。相反，这个小孩会（正确地）下结论说，他的父母不关心神奇宝贝（Pokémon）或者小甜甜布兰妮（Britney Spears）。老年人仅仅因为不关心年轻人所关心的那些事情，包括记忆测试分数，就可能显得比较健忘。如果我们告诉某人一条信息，而这个人并不特别在意是否要记住这条信息，那么，这个人也许不会将它编码并且储存在记忆之中。如果稍后我们向这个人询问这条信息的内容，而这个人回答不出来，那么，我们能说这个人忘记了吗？这个人根本就没有记住这条信息，何谈忘记？或许，老年人并不像我们以为的那样健忘，也许在某种程度上，他们在记忆信息的时候只不过更加有选择罢了。

研究记忆力的人一般都会发现，年轻人的表现比老年人好。让我们仔细看看记忆力实验是怎样做的。实验者挑选一些词语让被试记忆，然而，并非每个人对所有的词语都同样熟悉。为了说明这一点，让我举个极端的例子。如果词语清单中包括游戏机之类的词汇，那么，年轻人的表现当然会比老年人好。如果词语清单中包括麻将之类的词汇，那么，老年人的表现也许会和年轻人一样好。很多实验的被试，其实都是和实验者一样在同样的学术环境里生活的大学生。现在，也许会有研究者表示反对："我是按照词频表挑选词语的。"这样做看起来很客观，但是，词频表是由人编制的，编制词频表的人很难对所有人所说、所见的所有词语给予同等的考虑。正如我们在前面讨论过的那样，存在隐性决策者和隐性决策，但是，当"事实"被呈现在公众眼前的时候，它们就像是从天上掉下来的不可更改的真理一样，而不是以一些决策为基础——做这些决策的人也许将我们考虑在内了，也许没有。

有意义和无意义的记忆

人们观察到一个有意思的现象：很多老年人对童年时期发生的事情记忆犹新，但是难以记住最近发生的事情。也许，对老年人来说，童年时期发生的事情更有意义，他们之前将这类信息编码储存起来了，因此现在能够提取出来。当老年人在某些测试中获得"不合格"的成绩的时候，我们总是据此认为老年人能力不足，而不去质疑测试对老年人来说有多大意义。然而，我们从来没有怀疑过鱼的能力。非老年的研究者为什么注意不到也许是测试存在缺陷呢？例如，最近一项研究发现，老年被试记住的是所读内容的要点而非细节。考虑到测试中的识记材料是非老年的研究者挑选的，这些材料——除了要点之外——对老年被试的生活来说能有多重要呢？

我现在见到的人比年轻时多很多。我现在的地位也比年轻时高很多。年轻的时候，第一次见到一个人，我就能记住他的名字；现在，我往往记不住，除非我见一个人很多次，多到他对我来说有意义了，我才能记住他的名字。这是否意味着我健忘？我很忙？我过于自我中心主义？我累了？我烦了？以上都是，还是以上都不是？

一个人看问题的视野很难超越自身发展水平的局限。问一个小孩30岁是什么样子，他提供的答案会显示出他对30岁是多么不了解；问一个30岁的人80岁是什么样子，不管我们是否愿意承认，他提供的答案也会显示出他对80岁是多么不了解。在人们评判老年人的时候，经常以为老年人有着与自己一样的价值观和参考点。例如，有些研究者提示，人到老年的时候会自然退回到儿童状态。然而，恢复过去曾表现出的某些行为与第一次表现出这些行为有很重要的差别。例如，在餐桌上，一位客人讲了一个故事，7 岁的吉米（Jimmy）和 97 岁的詹姆斯（James）都说她的故事太无聊，两个人使用的也许是一模一样的话语，但展现的却是不一样的行为。用心分析一下就会发现：吉米是不受抑制的（uninhibited，通俗地说就是童言无忌），这表明他还不知道餐桌礼仪，不知道在这样的场合下做出什么样的反应是合适的；相比之下，詹姆斯是去抑制的（disinhibited），他非常清楚餐桌礼仪，但是依然选择不理会它。不明内里的人看到两人行为的相似性，就会错误地把老人等同于小孩。

看问题的视野如果难以超越自身发展水平的局限，就意味着一个人很容易按照对自己最有意义的方式去理解所观察到的行为，从而导致其对老年人的行为进行符合刻板印象的错误归因。试着从另外一个角度解释老年人为什么会展现出某些"刻板的"（以及"消极的"）行为，也许对我们大家都有好处。例如，对于健忘，我们可以从不屑于去记忆这个角度解释，甚至更积极一点，从为了更好地专注于当下这个角度解释。同样，当看到老年人慢慢地开车时，我们可以解释为其智慧增长了、知道安全第一了。

究竟是变老还是衰退

变老意味着变化，但变化并非意味着衰退。尽管在人的整个一生中都可以使用"发展"一词，但这个词一般仅用于人生的前 20 年。这种做法造成的影响是持久的。人生早期的变化被描述为"发展"，而人生晚期的变化则被描述为"变老"。这就像白天和黑夜，尽管在正式场合，也许白天指的是一天的整个 24 小时，但是在非正式场合，却专指一天之中较明亮的那部分。同样，变老用于专指发展过程中较灰暗的那部分。然而，在后面这种情况下，不同的命名造成了迥异的结果。一个人必须和各种常识观念做斗争，才能把生命晚期的变化"看作"成长。如果给人的整个一生都冠上"发展"一词，那我们不用经历辛苦的斗争就能为生命晚期的变化争取到合法的认可。但反观当下，消极老化刻板印象比比皆是。

例如，一位 80 岁的人因为自己不能再像 50 岁那样打网球而沮丧不已。但是，也许问题不在于他不能再用同样的方式打网球，而在于他仍然试图用同样的方式打网球。维纳斯·威廉姆斯（Venus Williams）身高1.9 米，是握把尺寸最大的女子网球选手之一；阿曼达·科泽尔（Amanda Coetzer）身高 1.6 米，是握把尺寸最小的女子网球选手之一。这两个人不可能使用同样的打球策略，她们确实没有这样做。科泽尔非常清楚，自己体形娇小，适合速度型打法；威廉姆斯也明白，自己身材高大，适合力量型打法。那个 80 岁的人所处的社会环境以及漫不经心形成的刻板印象告诉他自己在变老而不是在发展，所以，他也许永远不会想到，应该根据自己的身体状况选择新的打球策略。因为老年人和年轻人之间的区别经常不被看作区别，而是被看作衰退，因此，我们不大可能发现老年人也许只是改变了他们的"打球方式"。

即使我们开始留意这种潜在的适应现象，也许仍然会错误地认为这些变化是补偿性的："既然我不能用那种方式做，就用这种方式做。"相反，我们可以寻找老少皆宜的适应方式，这样，我们就会发现，那些我们为之感到遗憾的人，事实上是值得我们学习的。

把时序年龄撇在一边不谈，一个人有多老其实是相对的，而且可能会随着所涉领域的不同而发生变化。就像我们可以通过关注自己症状的变化获得掌控一样，我们也可以关注自己能力的变化。玛丽在与邻居打桥牌时也许会觉得自己老了，但是，在与孙子孙女玩大富翁时她也许会觉得自己还很年轻，在社区乐队里演奏法国号时也许会觉得自己更年轻。正如我们看到的那样，某些情境会给老年人贴上难以摆脱的标签。我们越是能够在各种不同的社会情境下看到自己和他人承担的各种不同的社会角色，就越能够专念地看待自己和他人。

与年龄相关的变化与体力、心智衰退没有必然的联系。回想一下我和贝卡·利维做过的那个实验，在实验中，我们研究了两个社会群体，一个群体是中国人，另一个群体是失聪的美国人。在这两个群体中，不管是年轻人还是老年人，对老年人都没有成见。实验证实，同听力正常的美国老年人相比，中国老年人和失聪的美国老年人在四项听力测试中获得了更好的成绩。如果老年时期的记忆力丧失纯粹是由衰退的生物机制决定的，那么，这两个群体中的老年人应该不会比听力正常的美国老年人拥有更强的记忆力。

实验结果表明，与年龄相关的变化不一定意味着衰退，而且，关于记忆力丧失的研究普遍支持这一结论。尽管有些研究者认为，老年时期的记忆力丧失是不可避免的，并且也在很多人身上发现了一致的趋势，但是，另外一些研究者则认为，记忆力变差的某些方面也许是由环境因素决定的，是由社会期待和社会情境塑造的。

变老的很多消极后果，实际上是启动效应造成的。贝卡·利维及其同事做过一项研究，下意识地启动老年人的积极老化刻板印象或者消极老化刻板印象，然后让他们做各种各样的数学测验和语言测验。用于启动积极老化刻板印象的词语是：高明的、建议性的、机警的、精明的、富有创造力的、开明的、指导性的、精炼的、富有洞察力的、贤明的以及明智的。用于启动消极老化刻板印象的词语是：困惑的、衰退的、老朽的、痴呆的、依赖的、疾病的、将死的、遗忘的、无能的、错放的和老糊涂的。结果，在做测验的时候，与积极老化刻板印象被启动的被试相比，消极老化刻板印象被启动的被试体验到了由压力导致的更强烈的心血管反应，包括收缩压和舒张压的上升及心率增加。

当然，启动效应也能带来积极结果。人们认为，人上了年纪，就会自然而然地衰弱，而启动健康和能力可以让某些衰弱逆转。回想一下我在本书开头讲过的"盆栽"研究：我们给养老院的一组老人一些自主权，并且让他们承担护理盆栽的责任，结果，仅仅三个星期以后，他们在很多指标上都表现出了明显的改善，包括机警度、幸福度、积极参与度和总体安适感。8个月以后，同控制组相比，这组人不仅在身心健康方面表现出了明显的差异，而且在死亡率方面也表现出了显著差异。心理学家理查德·舒尔茨（Richard Schultz）也做过与此类似的研究，结果发现，通过给福利院的老年人提供决定何时见访客的机会，可以增强其控制感，并最终改善其身心健康。

后来，我和查尔斯·亚历山大（Charles Alexander）及其他同事做的一项研究也得到了类似结果。在这项研究中，我们设置了一个控制组和两个专念组；在两个专念组中，一个是通过注意新奇刺激进入专念状态，另一个是通过超自然冥想进入专念状态。结果，两个专念组在身体健康和心智能力方面都表现出了明显的进步，而且，他们的控制感也增强了，并觉得自己年轻了很多。此外，根据护理人员的评价，他们的精神状况也有所改善。所有这些研究发现都表明，创建一种适宜的环境，鼓励老年人对抗刻板印象，而不是期待老年人按照刻板印象去表现，也许会减轻刻板印象产生的消极影响。

在养老院里无聊地活着

逆时针研究中的大部分被试一直和自己的子女生活在一起，这意味着他们所住的房子——甚至是他们所住的房间——并非完全属于他们自己。考虑到这一点，我们可以想象得到，被试的日常居住空间缺少让他们回忆起自己的年轻时代以及昔日朝气和活力的信息，在这方面，静修居所提供了很好的环境。被试在静修居所的房间尽管没有彻底个性化，但是处处可见 20 年前——在生命之中的这一时期，他们更健壮——那一周的报纸和杂志。所有的房间都不一样，这不仅有助于他们记忆，而且会让他们觉得自己是住在旅馆里，而不是福利院里。如果我住在每个房间都一样的养老院里，我敢肯定我会经常走错房间（我不认为只有我一个人会这样，尽管老鼠被我的学术界同仁放在迷宫里也能找到出路——我知道这是事实，但是永远也搞不清楚它们是怎样做到的）。

在研究开始以前，我们向每位被试要了一张最近的照片和一张 20 年前的照片。在实验组，我们把被试 20 年前的照片做成册子发给每位被试；在控制组，我们把被试最近的照片做成册子发给每位被试。我们这样做，是想帮助实验组被试把彼此看得更年轻一些、更有活力一些。

我们要求被试不要携带任何 1959 年以后的东西，还特别要求他们携带一件自年轻时就有的物品。约翰带了一支钢笔；弗雷德带了一个啤酒杯；本带上了他的芝宝（Zippo）打火机——在万宝路的经典广告里看到牛仔使用这种打火机后，他立即买了一个；欧文带了一套梳子和刷子，这套梳子和刷子原先属于他的父亲；皮特带来了他的布鲁克林道奇队（Brooklyn Dodgers）队帽——静修周开始几天之后，我们谈到他的帽子，他说道奇队搬到洛杉矶不过是"几年前"的事情；马克斯忘记了，所以什么也没带，不过他似乎非常迷恋我们放在他房间里的《体育画报》（Sports Illustrated）。我们在主起居室放了好几份 1959 年同一周的《生活》（Life）杂志和《星期六晚邮报》（Saturday Evening Post）。

老式收音机上放着老旧的广播节目——《荒野大镖客》（Gunsmoke）、《鲍勃和雷》（Bob and Ray），这些节目 20 年前怎么播放，现在就怎么播放。静修居所的男人们似乎特别喜欢特德·麦克（Ted Mack）主持的电视节目《最初的业余时光》（Original Amateur Hour）、米尔顿·伯利（Milton

Berle）、佩里・科莫（Perry Como）以及杰克・本尼（Jack Benny）。娱乐方面的所有这些安排都是为了把他们的思维与情绪带到 20 年前。

在布置静修居所时，我们所做的最重要的一个决定也许是：没有把任何一样东西刻意做成"适宜老年人"的样子。一般情况下，在老年人的生活空间里，障碍物会被移走，以方便他们活动。但是，没有障碍物意味着没有能力，因此，在静修居所，一些小困难，比如爬楼梯、去房间、捡起掉到地上的东西，都留给老年人自己想办法克服，这样他们也许可以享受到一些成就感。

我们尽量把测试穿插在活动之中，因为我们觉得医疗仪器和心理测试本身经常是出现问题的标志。例如，我们用一个游戏测试记忆力，在这个游戏中，我们用幻灯片呈现一些著名人物的图片给被试看，让他们在认出图片上的人物之后立即按下按钮。结果，实验组的动作更快、更准确。

在静修周开始之前发给他们的那封邮件中，我们交代了一下他们应该带什么样的衣服。我们告诉他们："不要带任何时髦的衣服，要带舒适的衣服，最好是很旧的衣服。"我们对工作人员的服装也做了要求，建议他们最好穿"看不出时代痕迹"的衣服，不要穿实验室白大褂或者任何标志着他们拥有不同身份的衣服。这个要求并没有让我们这些工作人员——我和我的研究生们——感到为难，我们只要穿上平常所穿的衣服就行。从我们所有人携带的东西上，几乎看不出我们是管事的、他们是受监控的而且是有问题的。我们与他们之间的交流互动基本上就是人与人之间的交流互动，并没有彰显我们与他们之间的角色差异。我们几乎放弃了任何凸显我们角色的外在标志，把他们当作普通人而不是老年人去善待。整个一周，他们都在一种几乎看不出时代痕迹的环境里度过。

今天，我们很多人的父母或者祖父母都住在养老院之类的机构中，在那里，到处都是漫不经心的例行程序，其中有些地方，甚至连陈设都缺少变化。如果漫不经心是生活造成的，就像我们的几项研究所显示的那样，那么，过分按部就班的生活也许就预示着早亡。如果难以在这种环境里找到专念生活的方法，那么，替代选择是什么？也许有三种替代选择：设法以某种方式专念地生活，早死或者变得老糊涂。尽管听起来很怪异，但我还是要建议，老糊涂也许是对过于程序化的环境的专念反应。正如我们接下来要讲的那样，我们的研究支持这种解释。如果老糊涂是为了恳求更多的专念，那么，从生物学意义上说，它也许是适应良好的表现，即使从社会学意义上说它是适应不良的表现。

为了检验这一点，在 1979 年，我和心理学家龙尼·加诺夫 - 布尔特曼（Ronnie Janoff-Bulman）、佩尔·洛克（Pearl Beck）、琳恩·斯皮策（Lynn Spitzer）比较了养老院里被贴上"老糊涂"标签的人和没被贴上"老糊涂"标签的人。我们把疾病作为控制变量，也就是说，如果被贴上"老糊涂"标签的那一组中有一个被试有心脏病，那么，没被贴上"老糊涂"标签的那一组中也有一个有心脏病的被试与之对应；如果被贴上"老糊涂"标签的那一组中有一个被试有肝病，那么，没被贴上"老糊涂"标签的那一组中也有一个有肝病的被试与之对应，以此类推。我们发现，被贴上"老糊涂"标签的那一组的被试平均比没被贴上"老糊涂"标签的那一组的被试多活了 6~9 年。我们做这项研究的时候，脑扫描还不流行，因此，那些今天在脑扫描中被诊断出患有痴呆症的人，也许展现了某些不同于我们的被试展现出的东西——我们不知道。然而，今天仍然有很多人，特别是那些接触不到大型医疗设备的人，医生只能凭借他们有限的几种行为表现为他们做出诊断，而正如我们描述的那样，他们也许选择了第一种替代方式：正在设法专念地对待自己所处的环境。

人们如果期待老年人身体衰退，就不大可能给予他们额外的医疗照顾（这些医疗照顾也许可以起到重要的作用）。另外，人们不大可能注意到他们取得的小小的进步，并且，如果医疗资源短缺的话，人们会首先拒绝救助他们。让问题变得更加严重的是，老年人自己也认可这些刻板印象。这些刻板印象虽然都只是假定，但是，医疗界和老年病人自己都不去质疑它们的绝对性质。更糟糕的是，成年子女通常不知道怎样和上了年纪的父母打交道。对我们来说，也许应该开始质疑所有这些心理定势了。

认为自己老了会加速衰老

消极老化刻板印象被无意识地激活后，可能会通过三条路径对老年人的健康造成负面影响。

第一条路经是通过自我实现预言，也就是期待效应。老年人期待人到老年时身体和心智开始衰退，这会对他们的行为造成无形的压力，进而让期待变成现实。在解释模糊信息时，期待效应也会发生作用。因为老年人期待体验到衰退，所以他们更可能把自己的行为和体验理解为其身体正在衰退的证据。想想这个情景：一个老年人和他的孙女儿一起在花园里劳动了一整天，第二天醒来觉得背痛，因为他知道老年人容易腰酸背痛，所以他把自己的背痛归因于自己年纪大了。"我的背很痛，这一定是因为我老了。"这种联系本身就可以引发启动效应，让他走得更慢——仅仅因为背痛的话，他不会走得这么慢——进而证实了消极老化刻板印象。因为他把背痛和身体衰退联系到一起，所以他绝不会发现，他的孙女儿第二天醒来时同样会觉得背痛，而孙女儿则把背痛归因于劳动了一整天。

老年人自己对变老的消极期待还会和其他人对变老的消极期待交织在一起，形成一种交互作用式的自我实现预言。想象一下，83岁的乔治和45岁的玛莎都相信变老与认知能力衰退有关。当玛莎想向乔治解释一个概念的时候，她会尽量解释得简单一些，但是，这种过分简化的做法会遗漏一些信息。乔治注意到玛莎想尽量解释得简单一些，但是，鉴于有些信息被遗漏了，所以他还是听不懂。研究显示，乔治不仅会担心他之所以听不懂是因为他老了（而不是因为玛莎的解释有问题），而且，他的行为还会证实交谈双方的期待。这种效应也有正面例子，例如，美国心理学家曾在一至六年级中各选三个班的儿童进行煞有介事的"预测未来发展的测验"，然后将有"优异发展可能"的学生名单拿给教师。其实，这个名单并不是根据测验结果确定的，而是随机抽取的。它是用"权威性的谎言"暗示教师，从而调动了教师对名单上的学生的某种期待心理。8个月后，第二次智能测验的结果发现，名单上的学生的成绩普遍提高了，教师也给了他们良好的品行评语。很多有关自我实现预言的研究也展示了类似的效应：期待会对怀有期待的一方和被期待的一方的态度和行为造成影响。

第二条路径是通过依赖感。消极老化刻板印象会让老年人丧失更多的控制感，进而使得他们在心理上更易受到健康风险的侵蚀。研究表明，控制感，也就是相信自己在给定的情景中具有控制能力（不管这种信念是否符合实际），往往比实际的控制能力更重要。如果环境限制或者身体局限让个体没有实施控制的机会，个体可能会陷入"习得性无助"状态，也就是放弃控制——即使环境限制不再存在，就像我们在马丁·塞利格曼的习得性无助实验中看到的那样。老年人控制感的丧失，会直接导致他们在健康问题上放弃控制权。60岁以上的老人经常报告说，碰到与健康有关的问题，他们一般不愿过问什么、不愿自己拿主意，而是让医疗保健领域的专业人员替他们做决定。然而，有研究表明，自我效能感是老化和控制欲降低之间的中介，也就是说，越觉得自己没有能力做决定的老年人，越不愿自己做决定。

相较于身体和环境变化对老年人控制能力的限制而言，在生活的某些方面丧失控制感对老年人控制能力的限制更为严重。心理学家劳伦斯·珀尔米特（Lawrence Perlmuter）和安吉拉·伊兹（Angela Eads）做过一项研究——以到某记忆诊所寻求帮助的男性为被试，对他们进行记忆测试。他们让实验组被试觉得自己对记忆任务有一定的控制权，而控制组被试则没有，结果同控制组相比，实验组被试的测试成绩更好。在第二项研究中，他们在记忆测试中使用了与第一项研究不同的记忆任务，却得到了与第一项研究类似的结果，这意味着，增强控制感也许能提高成绩，就像丧失控制感也许会破坏成绩一样。

第三条路径恰恰是通过为老年人提供护理的机构。医疗保健领域的专业人员对消极老化刻板印象并没有多少免疫力，而且很容易受到一些偏见的影响，这些偏见可能会加大老年人的健康风险。同其他任何人相比，护理人员更可能对老年人的行为进行消极归因，而有研究指出，对老年人及其想法的误解正是阻止这些专业人员提供良好服务的障碍。与此类似，有研究观察到，医生较少对老年病人实施积极治疗，即使积极治疗也许对老年病人所患的疾病更有效。

一项研究调查了美国和加拿大 50 岁以上的人，50% 的被调查者报告说，他们碰到过这种情况：医疗保健提供者武断地把他们的小病归因于其年纪，或者告诉他们说其太老了，不能从事某些活动。这样，消极老化刻板印象就通过限制医疗护理的使用、破坏医患沟通、减少可选疗法等方式对老年人的健康造成了潜在的、直接的影响。

很多为老年人提供医疗护理服务的机构也在不断地让老年人产生依赖感、丧失控制感。心理学家在养老院所做的研究显示，"过度帮助"会让老年人觉得自己无能并且陷入无助之中，使得他们做不好本来能够做好的事情（逆时针研究也证明了这一点）。心理学家玛格丽特·巴尔泰什（Margret Baltes）及其同事做过一系列研究，表明很多老年人及其看护者之间的社会互动会围绕"依赖支持脚本"（dependence support script）展开，也就是说，老年人的依赖行为会被看护者的帮助行为强化，而其独立行为则被忽略了。这些研究表明，在养老院之类的机构中，依赖支持脚本更明显、更普遍。有趣的是，要逆转这一效应，并不需要特别地做些什么。比如，养老院可以把"收养一位爷爷或奶奶"的项目改成"收养一位孙子或孙女"，后面这种定位暗示着老年人是掌控者。

尝试控制自己的行为

几年前，我和心理学家劳伦斯·珀尔米特（Lawrence Perlmuter）开发出一项用于增强养老院的老年人控制感的技术，前面讨论过的通过关注变化增强控制感的想法就来自这一技术。简单地说，我们让养老院的老年人关注他们没有选择什么，连最平常不过的那些选择——比如，早餐选择哪种果汁——都要关注。这一监控任务是为了提醒他们在日常生活中——包括那些最平常的活动——存在很多隐性选择，从而相应地提高他们的控制感。

对老年人而言，变老还和自我概念变窄有关。能力、机会或者视角的变化，也许会让老年人把目光集中在他们当前的局限上，并且会拿现在与过去做比较，也就是常常"想当年"。我们之所以把变老理解为限制增多或者丧失，可能是由于我们习惯于把行为等同于身份——仅仅通过有限的或者特定的几个行为来定义某一方面的自我。例如，想象一下，有这么一位老年人，他强烈地认同自己的画家身份，然而，因为得了关节炎，他的手很难握住画笔。如果漫不经心地评估这一情形，相关人士可能会鼓励他接受也许某一天他再也不能作为画家的事实，可能还会帮助他发展出一种新的嗜好，或者让他回忆年轻时创造出的所有出色的作品。然而，除了让他接受其画家生涯即将终结的想法以外，相关人士也许还可以鼓励他考虑采用别的方式画画——用牙齿咬住画笔，或者体验一下手指画法、喷绘画法、泼墨画法。即使对改变画风不感兴趣或者不大满意，他也可以重新专念地考虑一下自己的能力，把考虑焦点放在拓宽"画家"的概念上，认识到画家所从事的活动是很广的，其中有很多事情他仍然可以去做，而且可以做得很出色。作为"画家"，可以意味着用一种特别的方式看世界、理解和阐释艺术、赋予颜色搭配以意义。他没有必要放弃自我，而是可以一直是个画家，即使他此刻不能画画。更为重要的是，即使他还是使用画笔，现在也可以采用与得关节炎之前不同的方式作画。如果他把改变看作不同，而不是看作衰退，他也许可以为自己发展出一种全新的作画方式。如果认识到可以从很多方面去定义自我，而且认识到塑造行为的环境和动机因素是多种多样的，那么，老年人也许会把整个一生看作一个连续的发展过程，而不会把晚年看作衰退。

同样，老年人可以一直把自己看作运动员，即使他因为精力不足、动作迟钝而不能从事自己喜欢的运动，就像我们在前面提到的那位老年网球运动员一样。拓宽自我概念法和向下比较法是不同的，后者鼓励老年人与那些身体不如自己的同龄人比较进而让自己感觉良好、觉得自己还是"运动员"，相比之下，前者不依赖比较，所以效果更令人满意、更长久。

每个人都是不同的个体

专念处世法可以通过增加区分而非歧视来减少偏见和成见。积极区分不同的个体，这种专念可以避免用一个特点囊括或者定义所有人。就其本身而论，例如，"汤姆和琼老了"这句话很笼统，描述的好像是一类人；而我们可以说得更具体，分别描述每个人的特点："汤姆有白发和皱纹，琼涂着红色指甲油、拄着拐杖。"不做这种区分的话，可能会制造一种假象，放大外表年龄和时序年龄之间的相关性。就拿白发来说吧，尽管一般说来，同年轻人相比，老年人有白发的可能性更大，但是，也存在我们都能想到的特例。然而，我们一般会用每天所见的陌生人来证实而非推翻这一假设：

看到一位有白发的人，我们就想当然地认为他老了，尽管他的时序年龄并不老；看到一位满头黑发的人，我们就想当然地认为他还年轻，尽管他的时序年龄已经很老了。事实上，白发和老年之间的相关性也许并没有我们认为的那样大。

当然，对于性格和能力而言，同样的情况也存在。通过多加注意周围世界里不同个体之间的不同之处，我们也许可以提高区分他们的能力，更好地认识到将人武断地分类是多么没有意义。

这很重要，不仅因为它本身就很重要，而且还因为认知衰老一般会导致身体衰老。正如我们说过的一样，认知衰老假设忽略了几个因素。

1. 老年人和年轻人的动机不同。
2. 认知能力测验一直是由年轻人设计的。不妨设想一下，同游戏机之类的词语相比，用麻将之类的词语测试记忆力会得到什么不同的结果。
3. 我们是因为越老记忆力就变得越差，还是因为一旦我们掌握了一般规则，就不大在乎这一规则的具体实例了？
4. 对人际问题的关注可以掩盖我们认知能力的丧失，这种关注也许是一笔资产而非负债（谁在乎谁做的以及为什么这样做；生命始于此刻）。"忘记"与他人之间发生的不快，我们就不用沉湎于过去，就能够继续前进；忘记，说明我们活在当下。

老年人也许确实会因为上了年纪而面临一些实实在在的困难，然而，不管是老年人还是尚未变老的人，也许都能从以下行为中获益：质疑那些具有年龄敏感性的能力测量工具是否适用；明白一个人看问题的视野难以超越自身发展水平的局限；接受变老意味着变化而并非一定意味着衰退；增强自主性、积极进行区分、关注自己以及周围人出现的变化。

从不同角度看待"他们"

我们的身体在不断地变化，如果我们专念地接受这一状态，也许能够控制自己的身体机能，而在那些漫不经心的人看来，人到老年，身体机能只能慢慢弱化。可以这么说，我们身体的每一部分，都在以不同的方式和速度变化着。同样，每个人变老的方式和速度也是不同的。人们倾向于把任何群体都看成一个单一的实体，觉得同一群体的人看起来都一样、行为方式也都一样。这样，对于尚未变老的人来说，也许会觉得老年人看起来都十分相似，但是，仔细观察一下就会发现，老年人并非真的那样相似。同某一群体的交往越多，我们越觉得需要区分这一群体的不同成员，也越容易发现不同成员之间的差异。实际上，专念地对待周围的老年人，对我们是有好处的。就像我们可以问"为什么在今天这个时候，我的哮喘看起来好一些"一样，我们也可以问"为什么在这个时候，93 岁的约翰或者 96 岁的南希看起来如此健康？"他们一大把年纪，思维还如此清晰、身体还如此硬朗，我们虽然可以把这归因于他们的基因好，但是，这样归因的话，我们就丧失了向他们学习的机会。我们也可以把这归因于他们在年轻的时候积极地锻炼身体、饮食健康且有规律，但是，如果我们自己已经过了 50 岁，这样归因对我们也没有什么好处。他们此时此刻在做什么？归因越具体，我们越容易向他们学习。尽管我们或许永远不知道自己的理解是否正确，但是，我们仍然可以获得至少三个方面的好处：观察得越仔细，我们就越专念；我们这样专念地留意他们，有可能给他们带去积极的体验；即使我们对他们的理解是错误的，我们为自己所做的改变也许依然对自己有好处。例如，如果我注意到南希早上会散散步，然后吃一顿丰盛的早餐，于是把她的好身体归因于这一好习惯，并且试着向她学习，那么，我也许会因此受益，即使她一大把年纪还如此健康是因为她的基因好。

如果家里的每个人都学会了专念，那么，我们所有人的问题也许就会消失。正如我在前面讲过的那样，多年以前，当我的祖母被诊断为老糊涂的时候，我认为一定是诊断错了，因为我和她在一起的时候，觉得她一如既往地清醒。当年纪稍大一点的时候，我了解到，被诊断为老糊涂（现在叫痴呆症）的人并非一直都有症状表现。对我而言，疑惑暂时解除了。对她呢，就像对大部分被诊断为老糊涂的人一样，症状有时而不是一直表现出来，所以我认为诊断也许是对的。最后，他们发现，老糊涂是误诊，实际上，她的脑子里长了肿瘤。我只能再次回到"症状有时而不是一直表现出来"这个话题，我认为，在某个时刻，我们所有人看起来都可能是糊涂的（在那些与我们亲近的人看来）。我们糊涂到什么程度、糊涂多长时间才能被诊断为痴呆症？如果我们每天有 15% 的时间都"迷迷糊糊"，那么，我们是否得了痴呆症？如果是 20% 呢？到底谁来决定？

现在，我的脑子里又冒出另外一个问题。为了便于讨论，我们假设有个人在 65% 的时间里是糊涂的，而大多数人认为他确实有问题。那么，剩下的 35% 的时间算什么呢？研究这一问题的人不该考虑这一点吗？如果我的祖母在一天的大部分时间里都是糊涂的，但与我在一起的时间是清醒的，那么，这是否表明，支持性的、不具威胁性的环境有助于对抗痴呆症呢？还是说，在一天里我拜访的那个时间，我的祖母正好不糊涂呢？如果是后者，是什么造成了她的生理状态在一天的这一时间里与其他时间有所不同呢……这样考虑的话，我们可以提出很多问题，而有了不同的问题之后，不同的答案也许会随之而来。

在我写这部分内容的时候，我的父亲——他总说自己"记性差"——住在佛罗里达州博卡拉顿市的一家协助生活机构中（assisted-living facility）。实际上，我是趁他休息的时候在他的房间里写这部分内容的。我们刚刚玩过牌。在我很小的时候，他教我玩金拉米（Gin，一款经典的纸牌游戏），自那以后，每次去看他，我们都会玩上几把。

玩第一把的时候，我手里的牌很好，于是我考虑要不要故意让他赢。如果故意让他赢的话，会不会显得很矫情。在我忙着做决定的时候，他宣布说他赢了。我看了看他的牌，发现他确实赢了。第二把也是他赢了。我在一所世界一流的大学里教书，而且我的牌技也不差。然而，这个被诊断为患有痴呆症的人与我玩了五把牌，却赢了三把。

第十章　成为健康学习者

> 智慧是老年人的精神养料，因此，年轻时我们应该努力，这样在年老时才不至于感到空虚。
>
> ——达·芬奇

在逆时针研究即将结束之际，我情不自禁地注意到被试外表发生的变化。他们站得更直了、走得更快了、说话时底气更足了。最后一天早上，我们给弗雷德量血压，让他挽起袖子露出左臂，但是，他却温和而坚定地说自己宁愿我们用他的右臂。对他而言什么是舒适的，他比我们更清楚，并且毫不犹豫地告诉了我们。约翰看起来胃口很好，晚上吃饭一天比一天积极。弗雷德告诉约翰不该吃得那么多、那么快，约翰回答说："这话是谁说的？"几天之后，我常常看到类似的一幕：当某个人告诉另外一个人该做什么或者不该做什么的时候，另外一个人一般会回答："这话是谁说的？"有时候，这么一说，两个人都会笑出来。

1981 年，当我第一次介绍这项研究的时候，我犹豫着要不要把我的体验全部描述出来，因为我担心如果这样做的话，别人会认为我不客观，进而否认我的研究结果。现在，我年纪大了一些，而且在我看来，描述我整个体验里最有价值的部分似乎没有多大风险。在我们开始这段冒险以前，在别人看来，那些老年人是日薄西山之人。而在我们结束这段冒险之时，其中一个人，已经不需要依靠拐棍走路了。

静修周最后一天，我们在外面等待接我们回剑桥的巴士。我的一个研究生带了一个足球，和其他学生扔着玩。我问吉姆（这个人在面试的时候非常虚弱）想不想来一场接球比赛，他说想。很快，又有几个人过来加入了我们。不到几分钟，我们就在前面的草坪上展开了一场即兴足球比赛。但是，在研究开始的时候，没人想到他们可以这样玩足球。15分钟后，巴士来了。由于刚刚发生的事情，我上车的时候带着几分惊讶、兴奋和少许不情愿。

回到哈佛大学威廉斯·詹姆斯·霍尔大楼的实验室后，我们开始分析在整个研究过程中收集到的数据。我还不知道所选择的用于评估实验处理效果的测量指标是否正确，我也不知道所收集的数据是否具有统计显著性。但是，说实话，这些对我真的不是那么重要。对我来说，在两个星期里（每组一个星期）看着这些人渐渐地改变就是最大的回报，对得起我们为之付出的努力。

正如我说过的那样，我们发现，从体力、手的灵巧度、步态、体态、知觉、记忆力、认知力、味觉敏感度、听力和视力等指标来看，两组被试的健康都得到了改善。然而，在大部分指标上，时光被我们倒流的那组被试（用"现在时"体验1959年的那组被试）取得了更明显的进步。我们觉得，这些人看起来更健康、更年轻了，为了验证这一感觉，我们找了四个对我们的研究一无所知的人，把被试在静修周开始以前的照片、静修周最后一天的照片随机呈现给他们看（每个人看的要么是被试参加研究前的照片，要么是被试参加研究后的照片，同一被试研究前的照片和研究后的照片不会被同一人看到），让他们判断每个被试的年龄。他们的评价结果是：时光被我们倒流的那组被试，研究结束之后比研究开始之前平均年轻 2 岁。他们可都是客观的评价者，正如我在前面提到的那样。

这些进步是与一组陌生人共度一周的结果。想象一下，如果我们的文化让我们习得一套不同的衰老心理定势，那情况会怎样？

我们可以选择如何活着

我们不能回避死亡，也不知道死后的生活是什么样子，但是，我们可以影响自己死前的生活。如果我们把到目前为止所学到的一切整合在一起，也许能想出一种新的方式理解健康。我介绍的那些研究发现，其中有一些告诉了我们为何要质疑回应医学信息的传统方式，并且激励着我们去寻找新的方式。医生所知道的只有那么多；医学数据所揭示的也并不是绝对事实；语言将决策隐性化进而剥夺了我们的选择权；不可治疗的实际上意味着不确定的；我们的信念以及大部分相关的外部世界都是社会建构的产物——当认识到所有这一切的时候，我们应该已经准备好了去寻找新的方式。如果我们关注变化并且明白总是可以进行一些小的改善，那么，我们已经准备好了踏上这段新的旅程。

当第一次听到汽车刹车发出的刺耳的尖叫声的时候，我意识到刹车片需要更换了。其实，我平日里就可以多留意一下，这样，在听到轻微的、不大对劲的噪声的时候，就能意识到刹车出了问题。意识到刹车出了问题之后，我可以变得更加专念，这样，我就能尽早确定问题出在哪里。最终，我会对刹车的运行状况变得更加敏感，并将问题消灭在萌芽状态。在健康方面，我同样可以这样做。如果感到膝盖有点儿"别扭"，我就会更加小心，以避免可能出现的扭伤或者摔伤。如果注意到肤色或者小便颜色发生了细微的变化，我就会尽早确定问题出在哪里，在发生紧急情况之前，采取行动将之解决掉。

但是，为了做到这些，我们首先要变得更加专念。我有时会连续加班直到几乎崩溃为止，有时经常吃饭吃到撑才停止。显然，我本来可以注意到一些信息，这些信息可以让我在崩溃之前休息一下、在吃撑之前放下刀叉。

20多岁的时候，我经常头晕。医生说我可能患有轻微的癫痫，这让我很害怕。他们让我做检查，做完检查之后，他们下结论说，我没有癫痫，可是，他们不知道我到底怎么了。每次觉得快要头晕的时候，我就会用手抓住什么东西，试图把自己"抓"回来。很多次之后，我"回过魂来"所需的时间越来越短。我不知道自己到底做了什么，但是头晕消失了。当然，作为一位科学家，我必须承认，一些症状有可能会自行消失。话虽如此，但是，试图控制自己的状况，这本身就能给人力量。

很多事情让人觉得不可能，即使我们认识到它们是可能的。正如我已经指出的那样，如果觉得减掉50斤比登天还难，不妨考虑减掉半斤。当采取这种策略的时候，我们可能会发现自己的进步不是直线型的。有时，我们进步很快，有时则很慢；有时，昨天的进步是今天的失败。把现状到目标之间的路程划分成一小步一小步，观察每迈出一小步我们取得了什么样的进步，也许就是反芝诺策略的核心。结果就是，关注变化。

关注变化有很多实际的操作方式，每当遇到问题的时候，我们基本上都可以根据具体情境加以运用。我们可以考虑写日记，在日记里把时间分成2~3个小时一段，记下在每段时间里我们是否体验到了某种症状，如果体验到了，记下周围的环境是怎样的。这样做有几个好处：第一，日记会表明，在大部分时间里我们也许没有症状；第二，日记也许会揭示，每当我们体验到症状的时候，周围的环境有什么类似之处，进而提示我们可以从哪些方面实施控制；第三，为了写日记，必须投入注意力，这会让我们变得专念，而专念本身就有好处。心理学家詹姆斯·彭尼贝克（James

Pennebaker）在研究中发现，专念地写东西可以从很多方面改善健康，包括缓解压力（压力小了，与压力有关的疾病就减少了，因与压力有关的疾病而看病的次数就减少了）、增强免疫系统、降低血压、增强肺功能、增强肝功能、减少住院天数、让心情变好、增强心理幸福感、减少检查之前的抑郁症状，等等，这里只是列举了其研究发现的很少一部分。

很多人都看不到自己身体发生的变化，只是坐等崩溃。我的朋友玛丽就是这样。医生告诉玛丽，她的胸部有个肿块，需要做活组织检查。毫不令人吃惊的是，她害怕了。一开始，我想安慰她，给她列举了很多数据，向她说明她这个年纪的人患乳腺癌的概率很小，也就是说，她不大可能患乳腺癌。但这些数据无法让她安心，因为她知道，即使概率很小，她也可能不幸"中奖"。我告诉她，现在还不到烦恼的时候；如果检查结果是癌症，她有的是时间烦恼（如果她需要烦恼的话）。然而，活组织检查不能马上就做，所以，她得在恐惧中生活一段时间。她的故事结局很好：肿瘤是良性的。到底是什么帮她度过了等待答案的那段难熬的日子——既然我们如此强烈地认为患有癌症就是被宣判死刑，而且，当我们害怕的时候，我们的心理力量是如此微弱，以致什么道理都听不进去。如果她当时考虑一下如何自救的话，情况会怎样？如果她当时关注自己身体状态的变化（时好时坏），并且考虑怎样通过饮食、锻炼或者其他手段来改善自己的身体状态，她也许会找回控制感，进而改善自己的心理状态。仅仅试图进行自救，就能带来意想不到的效果。等待的过程如此难熬，所以我们不该等待。转移注意力也许有用，但是效果不会长久。在玛丽的例子中，"转移注意力"实际上是关注问题。如果采用这种方式照顾自己，在别人看来——更重要的是在自己看来——我们就不是无助的。

最近有研究表明，狗能辨别一个人是否有肿瘤。如果我们锻炼自己感觉细微变化的能力，最终也许能够变得对细微变化十分敏感——每次一小步。我们现在做不到，这一事实只是意味着，我们还没找到合适的方法。然而，如果相信这是有可能的，我们就更有可能找到办法。

专念——我研究了它30多年——不过是积极地进行区分，从我们认为自己已经了解的东西那里发现新东西。我们留意什么——不管是聪明的还是愚蠢的——并不重要，留意本身才是最重要的。当我们留意的时候，就会发现自己活在现在，会更加清楚自己所处的情境，更加明白自己的想法，并抓住那些我们原本可能注意不到的机会。我的社会心理学家同仁喜欢说，行为依赖于情境，而我要说，如果我们是专念的，就可以创造情境。

我们可以等待科学赶上来的那一天，也可以从今天开始就更加主动地照顾自己。问题在于，科学家也像我们一样经常陷入漫不经心的陷阱，所以我们也许需要等待很长时间。想一想下面这种情形：一旦我们忘记某一分类方式最初是以不确定性决策为基础的，它就会限制我们。比如，作为科学家，我们把大脑划分为左半球和右半球。从很多方面来说，这种划分方式很有用，但是，当我们忘记其他划分方式可能也有用的时候，这种划分方式就会限制我们。现在，我们研究大脑时之所以把它分为左右两个半球，是因为左半球和右半球之间有明显的空间界线，而且相互对称。如果我们把焦点放在大脑右半球，发现那里出了问题，我们也许会下结论说，既然大脑的整个右半球都不运转了，肯定没有治疗希望了。另一方面，如果我们把大脑分为上半部分和下半部分，而不是左半部分和右半部分，我们也许会看到大脑的某些部分仍然在运转，这样，我们也许就有动力弄清楚怎样调动这一部分来"修理"其他部分。

现在，我们希望医疗界发给我们的药物是真正有用的，而不是通过安慰剂效应起作用的。不过，有些人却认为安慰剂本身就是一种很有用的药物。很多阐释安慰剂效应的研究，都会欺骗被试，让其以为自己服用了"真正"的药物、喝了含有咖啡因的饮料，或者碰了有毒的常青藤的叶子。尽管所有这些研究都证明安慰剂是有用的，但有个疑问仍然存在：到底是谁在起作用？既然安慰剂是惰性的，那么，一定是我们自己在起作用。如果安慰剂效应实际上是我们自己在起作用，那么，我们应该学会用更直接的方式影响自己的健康——我们可以问："既然这粒药丸什么都没做，只是启动我们认为自己将会变得健康，我们为什么需要它呢？"我们也可以问，安慰剂之所以起作用是否部分是因为我们关注了变化。是否不管服用什么药物，我们都会变得更加关注自己的身体？果真如此，可以考虑一下，一种药物之所以起作用，多大程度上是因为我们关注了自己的身体。这个问题很有意思。也许，我们会发现，大部分药物并不像我们以为的那样有必要。

专念的力量

我在本书介绍的研究表明，专念，也就是积极留意新事物，无论是从字面意义上理解，还是从比喻意义上来说，都能让人充满活力——它不仅不耗神，而且提神。当我们全心投入的时候，就有专念的感觉。在我看来，我们有充分的理由运用专念来理解自己的健康，并且试着对自己的健康实施更强的控制。最近有关冥想能产生积极效果的研究也建议我们这样做。心理学家理查德·戴维森（Richard Davidson）做了很多开创性的研究，向我们展示了冥想和专念给大脑带来的变化。

但是，专念不要求冥想。丹·西耶戈尔（Dan Siegal）在其著作《专念的大脑》（*The Mindful Brain*）中指出，各种冥想方法（瑜伽、坐禅等）可以对健康产生积极的影响，关注变化法也可以，前者的效果并不比后者强。

让我们再次回顾一下这个观念：从多重标准看待自己的健康状况，而不是认为我们在某一时刻要么是健康的、要么是有病的。我们不能带有诊断没有模糊地带的想法——"我们要么有某一种疾病，要么没有某一种疾病"——接受一个诊断，我们需要收集有助于我们用连续的视角看待自己健康状况的信息，这些信息不但会让我们明白疾病并不是"全或无"的，还会提醒我们疾病的可控性远远超过我们的预期。想象我们的健康状况是一个多重连续体，比想象我们要么是完全有病的、要么是完全健康的更容易。多重连续体会告诉我们，自己在某些方面一直是健康的，但是我们并非刀枪不入，这样的话，我们就可以在平时，而不是等到生病以后才去关注自己的身体。最重要的是，多重连续体通过表明我们在某些维度尚偏于健康、在另外一些维度上偏于有病，强化了我们并不是我们的疾病这一观念。

我们的健康状况是一个多重连续体，如果脑子里有这么一个概念，并且把曾经测量过的各个指标多测量几次，我们就会发现这些指标都不是静止不变的。一旦意识到这一点，我们就有可能询问自己的健康状况为什么有时较好、有时较差，进而有可能掌控自己的健康。

我们不仅需要积极地质疑非此即彼的健康观（也就是认为我们要么健康、要么有病），而且需要认识到健康并不是没有病。那些上限是谁设定的？我们在本书介绍的大部分研究，都是质疑这些极限的——在其他人看来，这些极限都是我们的身体与生俱来的或者内在固有的。他们质疑了视力是否可以改善、变老是否一定是现在这个样子、锻炼是否有强烈的心理暗示作用、我们能在多大维度上将时光逆转。这些研究向我们展示了：怎样对抗无意识启动的负面影响、怎样质疑剥夺我们选择权的隐形决策、当周围环境不适合我们的时候怎样解构其社会建构过程并按照自己的需求重建一种新的环境。没人能够阻挡我们利用这些信息。

当尝试着自我治疗而不是把治疗责任完全推给医生的时候，我们所做的每一件事情都是专念的。我们欢迎新信息，不论这些新信息是来自我们的身体还是书本。我们应该从多个视角而不是单一的医学视角看待自己的疾病。我们致力于改变环境，不管这种环境是让人倍感压力的职场还是让人万分压抑的医院。最后，当我们努力靠自己恢复健康而不是只等着医疗界治疗的时候，我们就是在参与治疗过程，而不是只等待治疗结果。

专念需要用心，正是这一性质让它具有了如此巨大的潜力。

专念健康学的最大作用是防患于未然，对于重度抑郁症、已经向身体主要器官扩散的癌症、严重的注意力缺陷多动症来说，它的作用并不大。但是，即使在这些极端情况下，增加专念度也是有益无害的。专念健康学的目标，不是让我们找回年轻时的朝气蓬勃的感觉，而是让我们专念地活着，直到去世。这是一个值得我们为之奋斗的目标，也是一个我们能够实现的目标——人生的每一刻都要过得明明白白。

正确地处理日常生活

我们的文化不是教我们用心地关注自己的健康，而是教我们把日常生活精神病学化。我们没有认识到，在某些情况下悲伤是合理的，而是不管在什么时候陷入悲伤之中都说自己抑郁了。我们没有认识到，任何一件事情都可以从不止一种角度去理解，而是武断地指责那些不同意主流看法的人在"否认"[1]。如果不同意主流看法，我们甚至也说自己在"否认"。如果我们对某件事情持有积极的看法，就会有人说我们在"合理化"[2]。几乎每一种疼痛都变成了一种症状。我们当中有多少人，在仅仅一晚上没睡好以后，就说自己失眠了？

---

① 最原始、最简单的心理防御机制就是完全否认某些痛苦、难堪的事实或经历，当其根本没有发生，以减轻心理压力和痛苦。——译者注

② 又叫文饰作用，是一种常见的心理防御机制。它是指人们在遭受挫折、无法实现自己所追求的目标或行为表现不符合社会规范时，转而用有利于自己的理由为自己辩解，将面临的窘迫处境加以文饰，以隐瞒自己的真实动机或愿望，从而为自己进行开脱的一种心理防御机制。——译者注

我们不妨以最后一种情况为例说明一下（其他情况以此类推）。对我们大多数人而言，刚刚上床睡觉的那一安静时刻，是解决问题的最佳时机。然而，不是所有的问题都那么容易解决，如果一时想不出办法，我们就会一直想着，一晚上的大部分时间也许就在这样的清醒状态下熬过去了。第二天，我们也许会看到一个电视广告，这个广告说，如果我们睡不好，可能既有失眠症又有强迫症，我们需要服用他们卖的不管什么药。

如果第二天要早起的话，很多人会选择在头天晚上早睡。如果他们不能马上入睡，那不是因为他们有失眠症。我们在某天晚上所需的睡眠量，与我们当天白天做过哪些事情以及头天晚上睡了多长时间有关，而跟我们第二天要做什么事情没有什么关系。我们每天需要 8 小时的睡眠，这是怎么确定的？得出这一结论的研究是用什么人做被试的，研究过程当中又做了哪些隐性决策？如果有那么多人说自己睡眠不足，问题也许在于他们对睡眠需求量有期待，也就是说，他们也许根本不需要睡那么长时间。我们每晚该睡多长时间，不应取决于我们上床睡觉之前做过什么运动以及当天白天吃过什么、经历过什么，而应取决于我们期待自己该睡多长时间吗？

日常生活精神病学化，在很大程度上解释了我们和医生、医疗界几近病态的关系。大部分人都同意，看病住院是让人很有压力的事情，在某种程度上，我们之所以有这一看法，是因为医生被训练成不带任何个人情感地关心病人。

尽管大多数医生都是关心病人的，但是，心理学家哈罗德·利夫（Harold Lief）和瑞贝·福克斯（Renée Fox）通过研究医学训练发现，医学训练虽然强调关心病人，不过更强调不对病人投入个人感情，因为死亡是如此难以应对。然而，对我们大多数人而言，良好的关系对于减轻压力、促进治疗来说非常奏效。医生被训练成不对病人投入个人感情，这样一来，实施一些比较"残忍"的治疗就要容易得多；如果医生对病人有了感情，就会难以下手。然而，不投入个人感情，也许会隐藏不确定性。如果我深深地关心着你，而且确切地知道截掉你的胳膊（这样做当然很残忍，也很难下手）能够挽救你的生命，我相信自己会毫不迟疑地截掉你的胳膊。但是，正因为我如此关心你，当我不确定截掉你的胳膊是否一定能挽救你的生命时，我就很难下手。如果不投入个人感情能够帮助医生在不确定的时候做决定的话，我们希望他们下手吗？不管答案如何，良好的关系都有助于治疗，而我们不一定非得接受医生不投入个人感情的做法。如果我们能专念地与医生互动，他们就更可能用同样的方式回应我们。

我在前面说过，医学数据尽管有用，但是不能完全信任，它应该引导而不是指挥我们做事情。我也说过，我们不该过于相信自己的过往经验，不要以为这些经验没有一点偏颇之处。不管我们是否承认，过往经验只能告诉我们自己已经知道的东西。那么，作为健康学习者，我们应该怎么做呢？我们应该从常模医学数据以及自身的过往经验里提取线索，然后把这些线索同当前的体验整合在一起。当我们专念地做这件事情的时候，就能真正地从经验里领悟到什么是存在体验。

我的母亲尽管是一位知性女人，但却不是专念的学习者。我记得非常清楚，那天她打电话给我，告诉我她从收音机里了解到约翰·韦恩（John Wayne）刚刚去世了，并问我她会不会死——她被诊断出乳腺癌已经 6 个月了，在这 6 个月里，她一直生活在恐惧中。我告诉她，她和约翰·韦恩不同，甚至连所得的癌症也是不同的。而且，更为重要的是，我告诉她，她的状况怎样，她自己应该最清楚，而不是别人。在现在这个社会，我们如此依赖专家和技术，甚至到了一点都不留意我们对自己了解多少的程度（这些信息别人只能猜测），是什么让社会变成这样？做一个专念的学习者，也许能够延长我母亲的生命，也许不能，但是，不管怎样，成为一个专念的学习者可以让她活得非常充实。

通向可能性的旅程

这本书的目的是，指出一条我们每个人都可选择去走的道路，阐明我们为什么走到了今天这个地步，并告诉我们怎样安全、专念地回到原先那个更好的地方。在原先那个更好的地方，我们收集并且尊重那些只有我们自己能够收集到的个人信息，并且把医学信息当作向导而不是绝对事实。

如果我们把所有的疾病都看作心身性的，就像本书前面建议的那样，情况会怎样？我们会发现一些关于自己以及自身疾病的新东西吗？我们是否更有可能注意到自己没有生病或者没有症状的时刻？

我的父亲一直身体硬朗、神智基本健全，直到几个星期以前因为轻微的心脏病发作而接受了多种治疗、吃了很多药，因此变得虚弱和糊涂了很多。医疗界认为他不中用了。如果他神志不清是因为他所吃的药，那么，他能否做些什么以改变人们对其能力的看法？老年人一旦被诊断出某种疾病，这种疾病就会成为一个镜头，而我们就会透过这个镜头看待他们。我们的大部分行为——不管我们有多老——都具有特异性，如果透过某种疾病看待我们，我们的行为会显得非常怪异。有关痴呆症的研究，就是把焦点放在病人糊涂的时刻。如果我们花同样多的时间研究病人神智非常清醒的时刻，情况会怎样？我们也许会想到，在病人糊涂的时候做一次磁共振成像，在病人清醒的时候再做一次，然后比较两次的结果。与以有病为出发点相比，以健康为出发点会通向一条不同的信息搜集之路。那段时间，我父亲的身体在好转，能力也在恢复，我和他本人都注意到了这些变化。然而，诊断结果却没变。像医学理论一样，确切地说，像所有的理论一样，诊断结果很少发生变化。在我父亲的例子中，他们认为这不过是痴呆症的发展进程变慢了。

一切在昨天被认为不可能但在今天成为现实的事情，都可以让我们更加尊重不确定性，也可以让我们从总体上质疑极限是否存在。然而，一项新发现只会促使已有理论调整细节。因此，从总体上质疑极限的概念是否合理，也许会更有用。

质疑假定的极限，是可能心理学的精髓。即使在我们状态最佳、身体最健康的时候也要问一问自己为什么不能变得更好，是知道我们能够变得多好的唯一方式。可能心理学以目标为出发点，它并不只是问我们能否逆转瘫痪、失明、脑损伤或者"晚期"癌症，甚至让失去的肢体再生，因为我们认识到逆转这些是不太可能的。按照这个理论，我们可以推断，过去决定了现在。然而，一切事物都是变化的。当我们承认事物是变化的，而且承认当前的"事实"并非永恒不变的时候，可能性就会呈现在我们眼前。如果不是问我们能否做到上面提到的任何一件事情，而是问我们怎样才能做到，我们就更可能开始努力去发现。

第一步是将身体、心灵还原到一起。当身体和心灵被看成相互独立的二部分的时候，身体的重要性经常被置于心灵之上。举个例子，我们喝水，首先是为了健康，其次是为了快乐。但是，正如我们已经看到的那样，对于健康来说，我们的态度、想法和信念同饮食、医生一样重要。我们的心灵并非独立于身体。在强烈反对人们控制我们思想的时候，我们也容易放弃对自己身体的掌控。是时候恢复掌控了，是时候变得专念了——留意我们的身体、环境以及感情的细微变化，并且也帮助那些我们在意的人这样做。

我的朋友多迪·鲍威尔（Dodi Powell）在 90 岁的时候明白了专念对健康和幸福的重要性。她知道，当自己负责照顾自己的时候，我们会变得更加健康和幸福。我最后一次拜访她是在她去世前不久，这次拜访对我尤其重要，因为我一直对老年人的晚年生活很感兴趣，而且我的父亲也到了晚年。

多迪床边的桌子上放着一些书、一瓶花、一个装有笔的马克杯、一些药和面巾纸。我们聊到老年人怎样过自己的晚年生活，对于自己的晚年，她只说了几句令人安慰的话，但是对于自己的整个人生，她思考得很清楚。在我们告别的时候，她说："我不怕死，埃伦，但是活着当然更有意思。"

我们都可以活得像她那样明智。

致　谢

我要代表读者感谢大卫·米勒（David Miller）——我的代理人、编辑，也是我亲爱的朋友。他思维敏捷、关注细节，给了我极大的帮助。我还要感谢自己在巴兰坦（Ballantine）的编辑玛妮·柯克兰（Marnie Cochran），她提了很多深刻的问题和有用的建议，让我的论证更有逻辑性，也使得本书更通俗易懂。我还要感谢我的好朋友帕梅拉·佩因特（Pamela Painter）和莫劳德·劳伦斯（Merloyd Lawrence），她们看了这本书的初稿以后，提供了很有价值的修改意见。

这本书以多年以来的多个研究为基础，所以，理所当然，我要感谢我实验室的学生，包括已经毕业的和正在就读的，他们是：本齐翁·班查诺维兹、沙立·戈卢布、贝卡·利维、塔尔·本 - 沙哈尔（Tal Ben-Shachar）、亚当·格兰特、劳拉·德丽左拉、艾伦·菲力普维奇（Allan Filipowicz）、斯蒂芬·雅可布（Stephan Jacobs）、马克·帕拉马里诺（Mark Palmarino）、菲利普·赛耶（Philip Thayer）、马克·罗德斯（Mark Rhodes）、阿里·克拉姆、阿林·马登斯、劳拉·许、加伍·钟、迈克尔·皮尔逊、罗里·高勒（Rory Gawler）、梅根·帕斯日柯（Meghan Pasriche）、欧阳龙（Long Ouyang）、吉姆·里奇-邓纳姆（Jim Ritchie-Dunham）、保罗·泰普丽兹（Paul Teplitz）、伊丽莎白·沃德（Elizabeth Ward）、简·朱利亚诺（Jane Juliano）和瑞安·威廉斯。他们为本书贡献了很多想法，也让我的学术生活变得更丰富。我还要感谢我的助教朱丽叶·麦克伦登（Juliette McClendon），她非常细心，给了我很多帮助。

没人知道我们的思想来自哪里，但是有一点是肯定的：这些思想的形成和学术界同仁的支持分不开。在这里,我要特别感谢安东尼·格林沃尔德、理查德·哈克曼（Richard Hackman）、马扎林·贝纳吉、伊丽莎白·斯比克（Elizabeth Spelke）、苏珊·卡雷（Susan Carey）、斯蒂芬·考斯林（Stephen Kosslyn）和史蒂芬·平克（Steven Pinker）。

几年前的某个晚上，我接到了格兰特·斯查伯（Grant Scharbo）的电话，他想以本书介绍的逆时针研究为蓝本制作一部电影。他激动地告诉我，我应该让他而不是任何其他人把我的生活和工作拍成电影。他很有魅力，而且极具说服力，我最终被他的计划打动了。他似乎没有意识到，并没有那么多人排在他前面等着把我的研究拍成电影，但是不管怎样，我答应他了。本书就是围绕逆时针研究展开的，这样做不为别的，只是为了配合电影，并且向制片人格兰特·斯查伯、吉娜·马修斯（Gina Mathews）、克里斯汀·哈恩（Kristen Hahn）和詹妮弗·安妮斯顿（Jennifer

Aniston）以及编剧保罗·伯恩鲍姆（Paul Bernbaum）表达我的谢意，感谢你们把它拍成了电影。

　　一般情况下，我不会特别因循传统，但是，我现在要这样做——我要把最重要的人放在最后。我的思想、生活一直因南茜·海明威（Nancy Hemenway）的存在而变得丰富。感谢你的智慧、善良和慷慨，感谢你还活着！

版权声明